0.5%

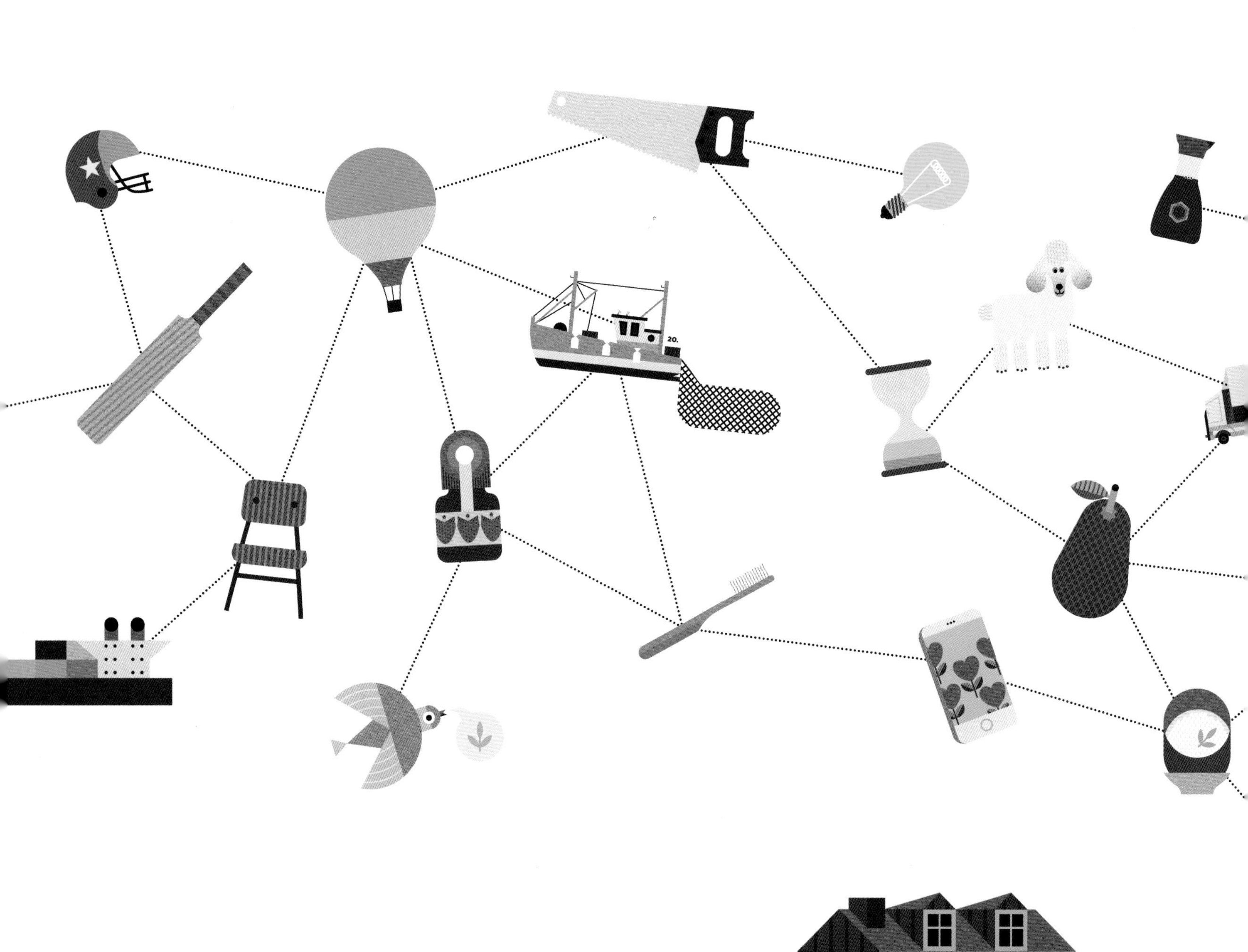

ME AND THE WORLD

用大数据带孩子秒懂世界

我和世界

〔西〕米雷娅·特留齐◎著　〔西〕华纳·卡萨尔斯◎绘　吴荷佳◎译

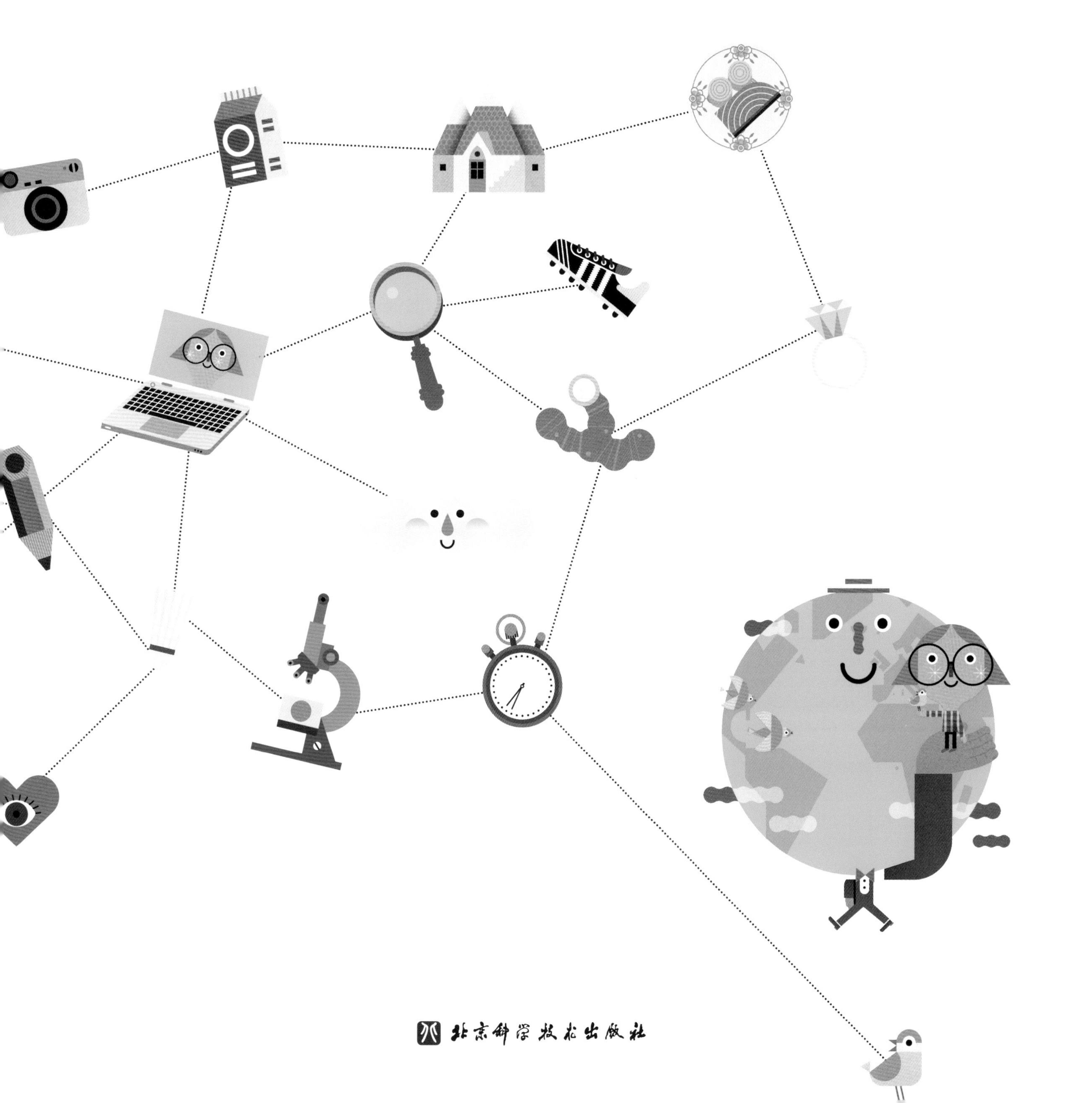

北京科学技术出版社

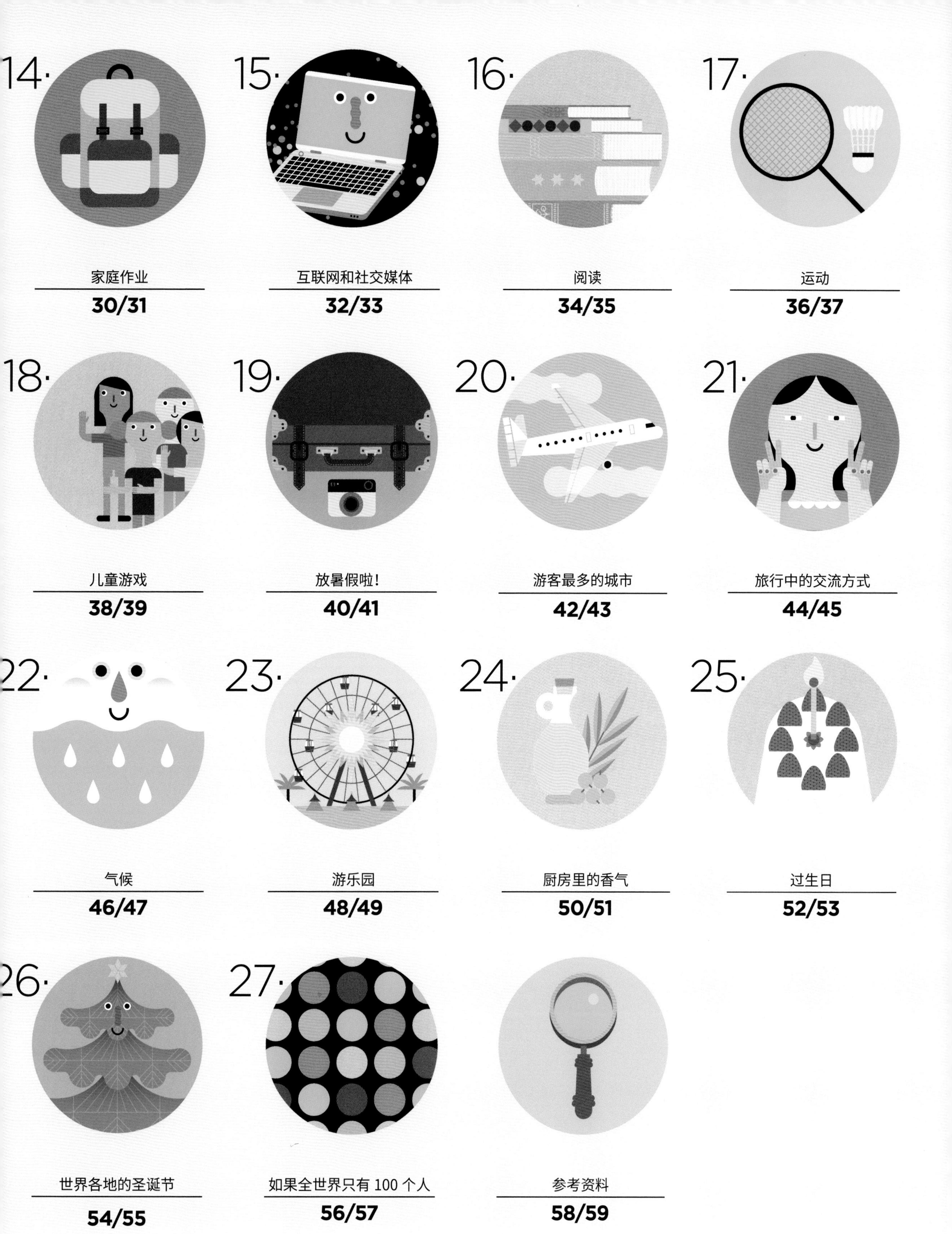

马利克
伊万娜
阿龙
埃米莉亚
冰岛
利亚姆
埃玛
加拿大
奥利弗
奥利维娅
杰克
埃米莉
英国
爱尔兰
这是
我的国家
加布里埃尔
路易丝
法国
若昂
玛丽亚
乌戈
马克
露西娅
西班牙
诺厄
埃玛
美国
穆罕默德
法蒂玛
摩洛哥
穆罕默德
阿尔及利亚
马马杜
法图玛塔
曼努埃尔
玛丽亚
圣地亚哥
希梅娜
墨西哥
史蒂文森
魏德琳
塞巴斯蒂安
卡米拉
委内瑞拉
圣地亚哥
玛丽安娜
哥伦比亚
路易斯
玛丽亚
秘鲁
米格尔
艾丽斯
巴西
拉蒙
玛丽亚
阿古斯丁
索菲娅
智利
阿古斯丁
弗洛伦西亚
圣地亚哥
索菲娅
阿根廷
常见的名字

我叫露西娅，我是西班牙人。我弟弟叫乌戈。露西娅和乌戈是我们这里很流行的名字。世界各地都有当地的常见人名。

1. 常见的名字

2. 家庭模式

① 世界各地妇女平均生育子女数
② 自 1950 年起妇女平均生育子女数
③ 不同的家庭结构和成员

我只有一个弟弟，我的同学们也大多只有一个兄弟姐妹，而我的爸爸妈妈有很多兄弟姐妹。
家庭结构有各种各样的形式。
你家是什么样的？

① 世界各地妇女平均生育子女数（个）

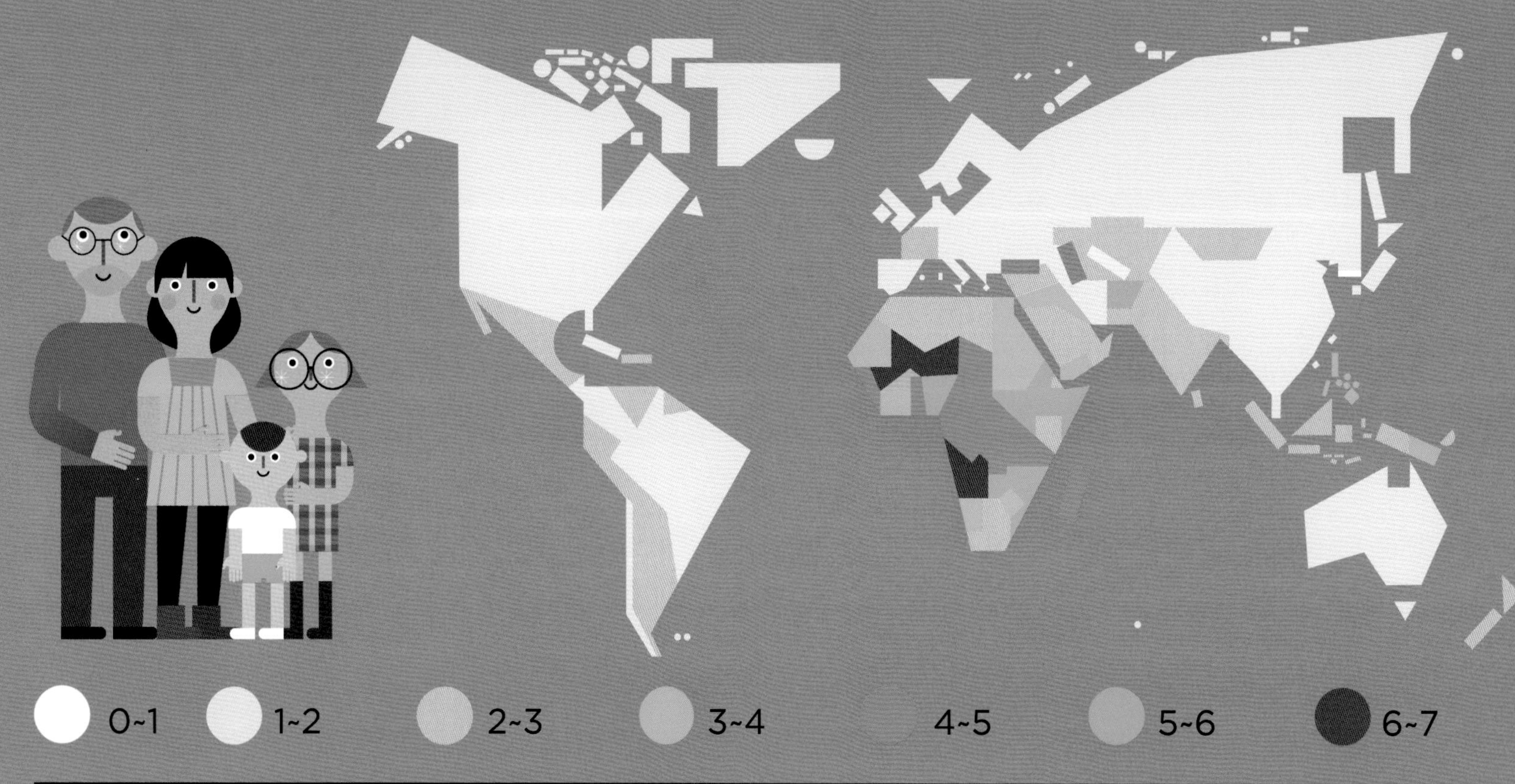

② 自 1950 年起妇女平均生育子女数

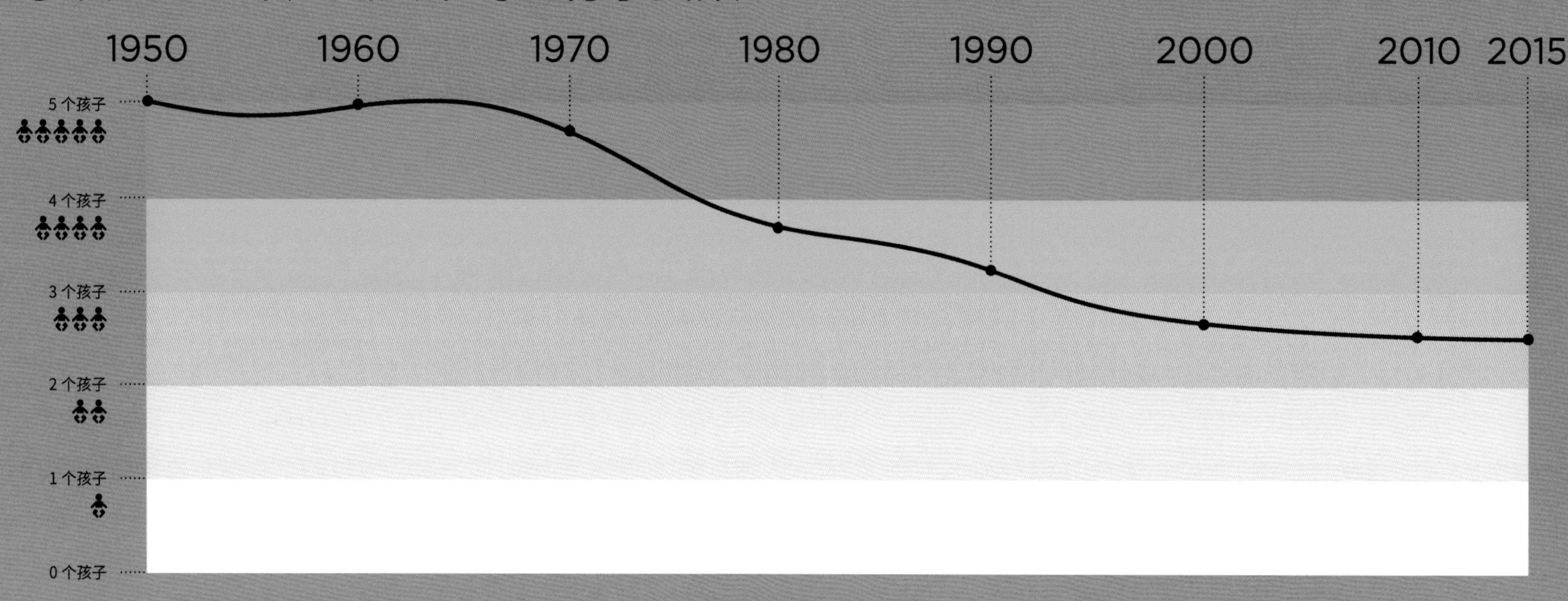

③ 不同的家庭结构和成员

父亲或母亲
+1 个孩子

(外) 祖父或 (外) 祖母
+1 个 (外) 孙子或 (外) 孙女

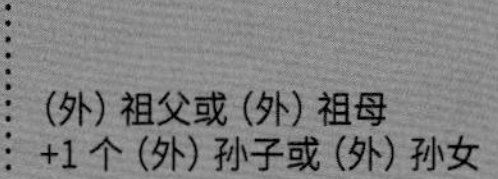

父亲和母亲
+1 个孩子

父亲或母亲
+2 个孩子

(外) 祖父和 (外) 祖母
+1 个 (外) 孙子或 (外) 孙女

父亲或母亲
+1 个孩子
+ 继母或继父

父亲或母亲
+1 个孩子
+ (外) 祖父或 (外) 祖母

父亲或母亲
+1 个孩子
+1 个亲属

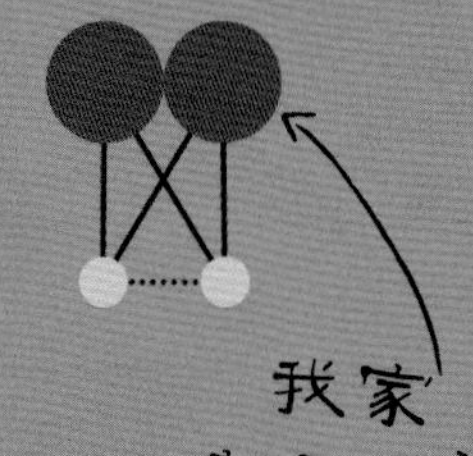

父亲和母亲
+2 个孩子

父亲或母亲
+1 个孩子
+ 继母或继父
+1 个孩子

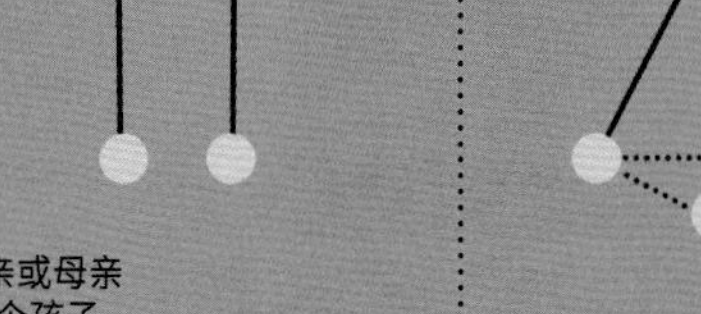

父亲或母亲
+3 个孩子

父亲或母亲
+2 个孩子
+ 继母或继父

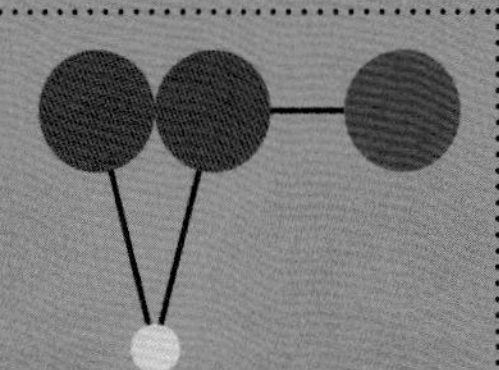

父亲和母亲
+1 个孩子
+ (外) 祖父或 (外) 祖母

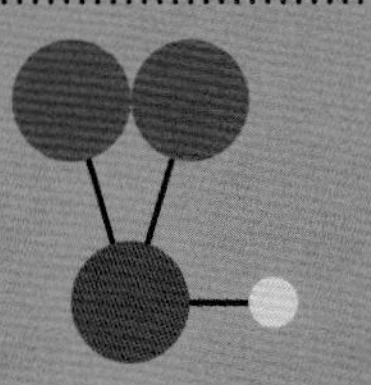

(外) 祖父和 (外) 祖母
+ 父亲或母亲
+1 个孩子

(外) 祖父或 (外) 祖母
+ 父亲或母亲
+2 个孩子

父亲和母亲
+1 个孩子
+1 个亲属

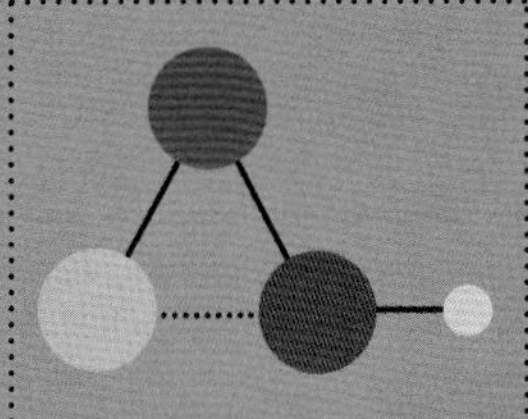

(外) 祖父或 (外) 祖母
+ 父亲或母亲
+1 个孩子
+ 父亲或母亲的兄弟姐妹

(外) 祖父和 (外) 祖母
+2 个 (外) 孙子或 (外) 孙女

父亲或母亲
+1 个孩子
+ 继母或继父
+1 个再婚生的孩子

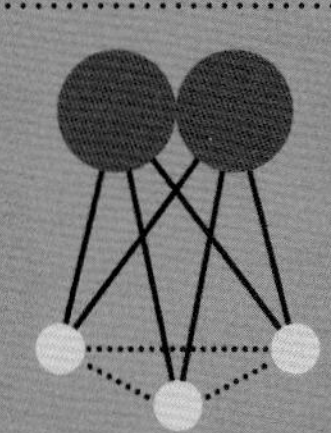

父亲和母亲
+3 个孩子

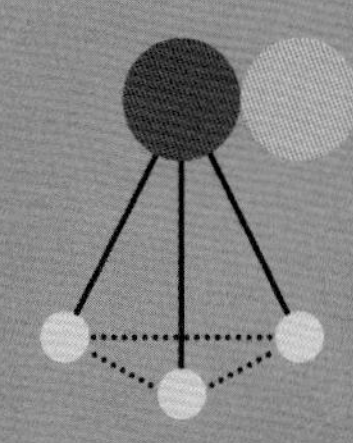

父亲或母亲
+3 个孩子
+ 继母或继父

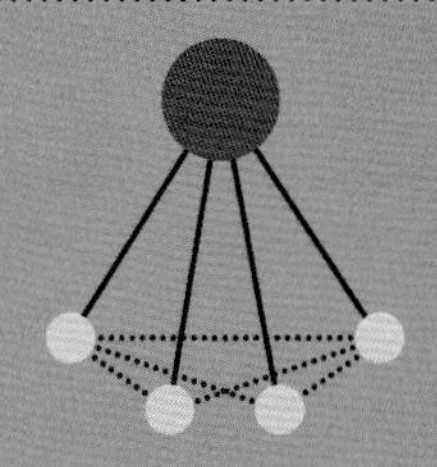

父亲或母亲
+4 个孩子

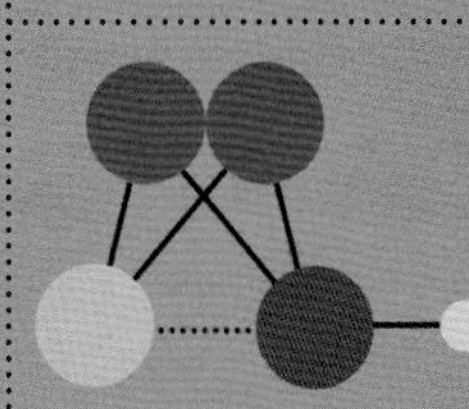

(外) 祖父和 (外) 祖母
+ 父亲或母亲
+1 个孩子
+ 父亲或母亲的兄弟姐妹

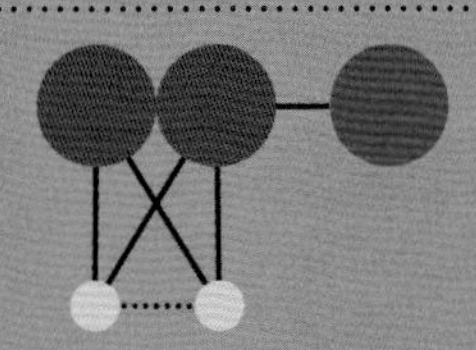

父亲和母亲
+2 个孩子
+ (外) 祖父或 (外) 祖母

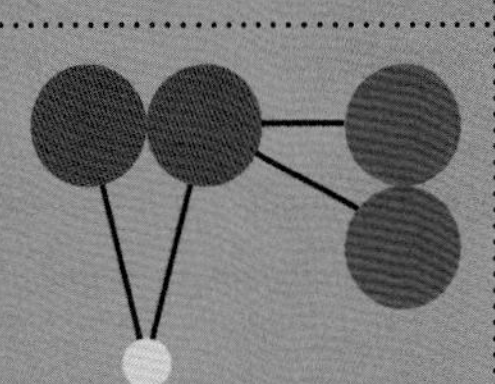

父亲和母亲
+1 个孩子
+ (外) 祖父和 (外) 祖母

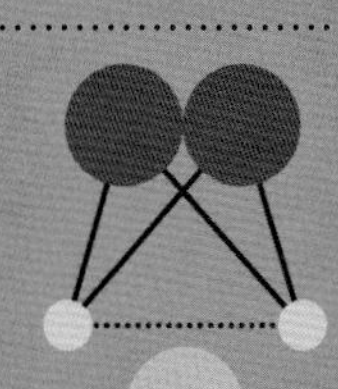

父亲和母亲
+2 个孩子
+1 个亲属

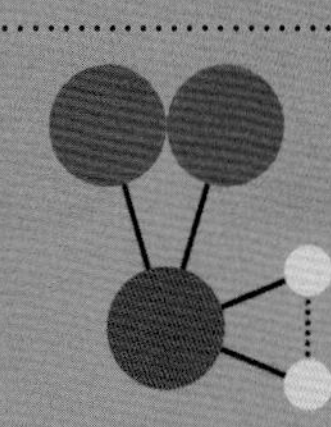

(外) 祖父和 (外) 祖母
+ 父亲或母亲
+2 个孩子

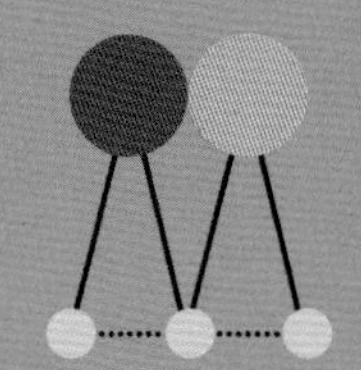

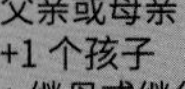

父亲或母亲
+1 个孩子
+ 继母或继父
+1 个孩子
+1 个再婚生的孩子

父亲和母亲
+4 个孩子

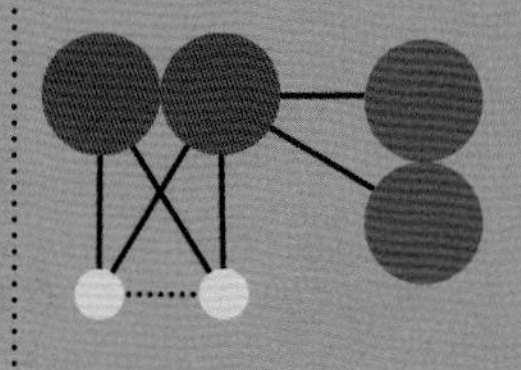

父亲和母亲
+2 个孩子
+ (外) 祖父和 (外) 祖母

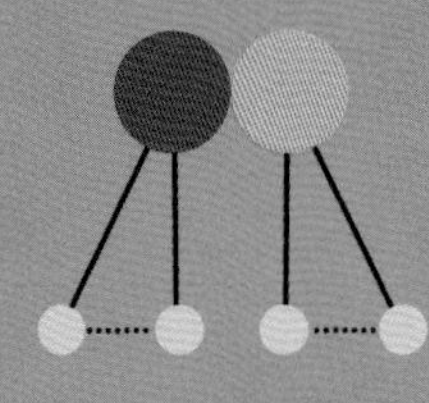

父亲或母亲
+2 个孩子
+ 继母或继父
+2 个孩子

父亲和母亲
+5 个孩子

父亲和母亲
+6 个孩子

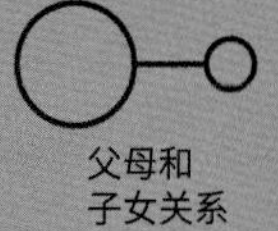

孩子 | 父亲或母亲 | 继父或继母 | (外) 祖父或 (外) 祖母 | 亲属 | 夫妻关系 | 父母和子女关系 | 兄弟姐妹关系

3. 宠　物

我家还有一个家庭成员，它是一只比格犬，叫“小叽咕”。
很多人都养宠物，最常见的宠物就是狗。
你知道哪些品种的狗在全世界最受欢迎吗？

① 全世界有宠物的家庭的比例
② 全世界不同种类宠物的比例
③ 各国养不同宠物家庭的比例（有些家庭不止一种宠物）

全世界最受欢迎的宠物狗

① 全世界有宠物的家庭的比例

有

57%

无

43%

② 全世界不同种类宠物的比例

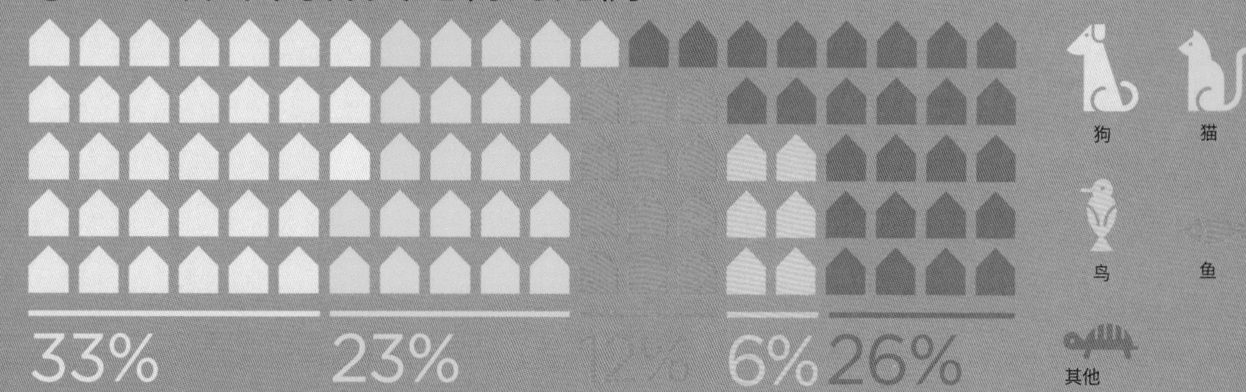

③ 各国养不同宠物家庭的比例

美国	英国	土耳其	西班牙	韩国	俄罗斯	波兰	日本	中国	法国	德国	意大利
50%	27%	12%	37%	20%	29%	45%	17%	25%	29%	21%	39%
39%	27%	15%	23%	6%	57%	32%	14%	10%	41%	29%	34%
11%	9%	16%	9%	7%	11%	12%	9%	17%	12%	9%	11%
6%	4%	20%	11%	1%	9%	7%	2%	5%	5%	6%	8%

6 约克夏犬

7 腊肠犬

8 比格犬

9 拳师犬

10 雪纳瑞犬

4. 世界人口

① 世界男女比例

女性 49.55%　　男性 50.45%

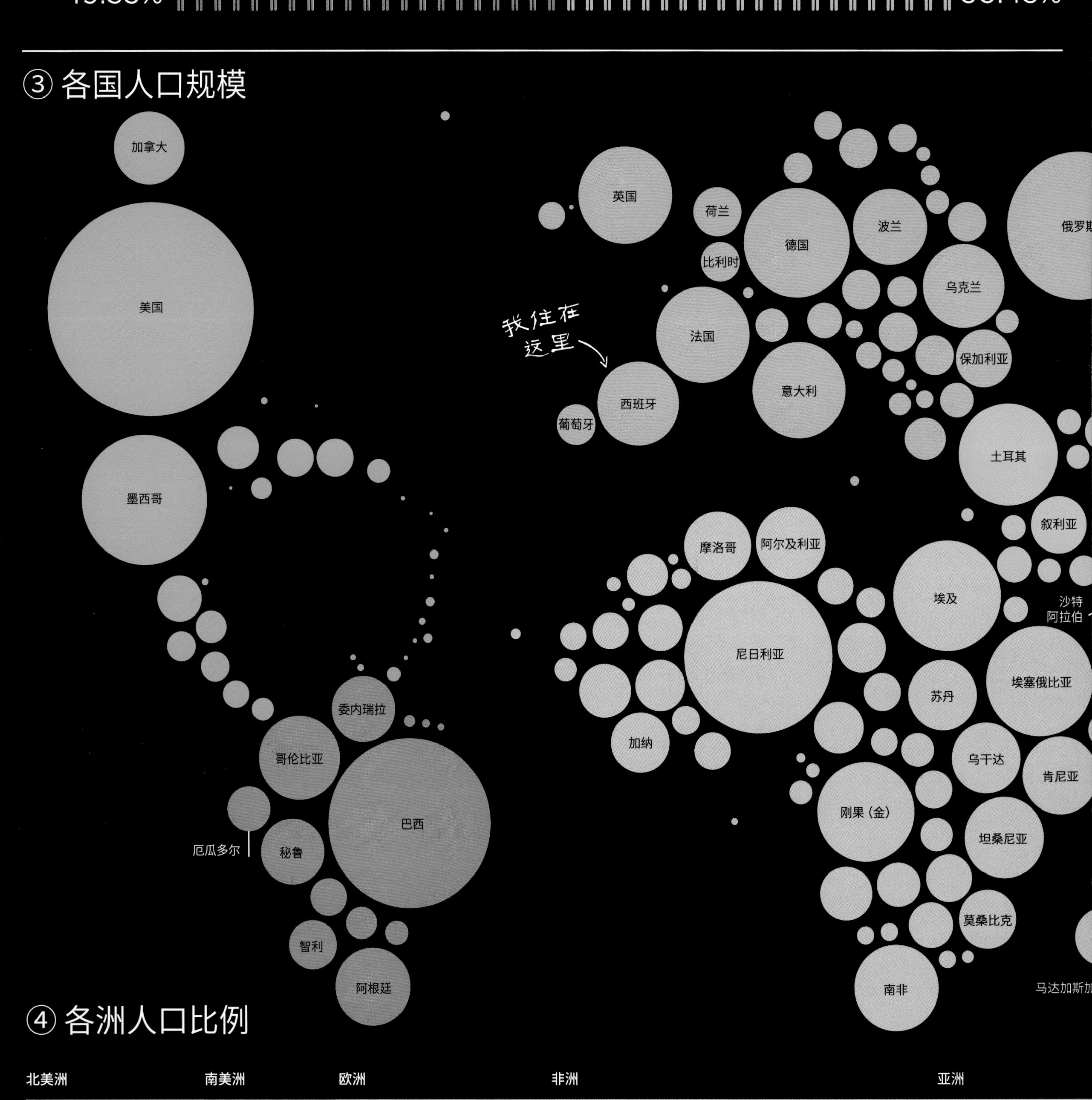

④ 各洲人口比例

北美洲	南美洲	欧洲	非洲	亚洲
7.7%	5.7%	9.6%	16.6%	59.9%

西班牙有 4600 万居民，这看起来很多，但如果和中国或印度相比，西班牙在世界人口地图上只占一个小圈。

② 2018 年世界人口总数及未来人口总数预测

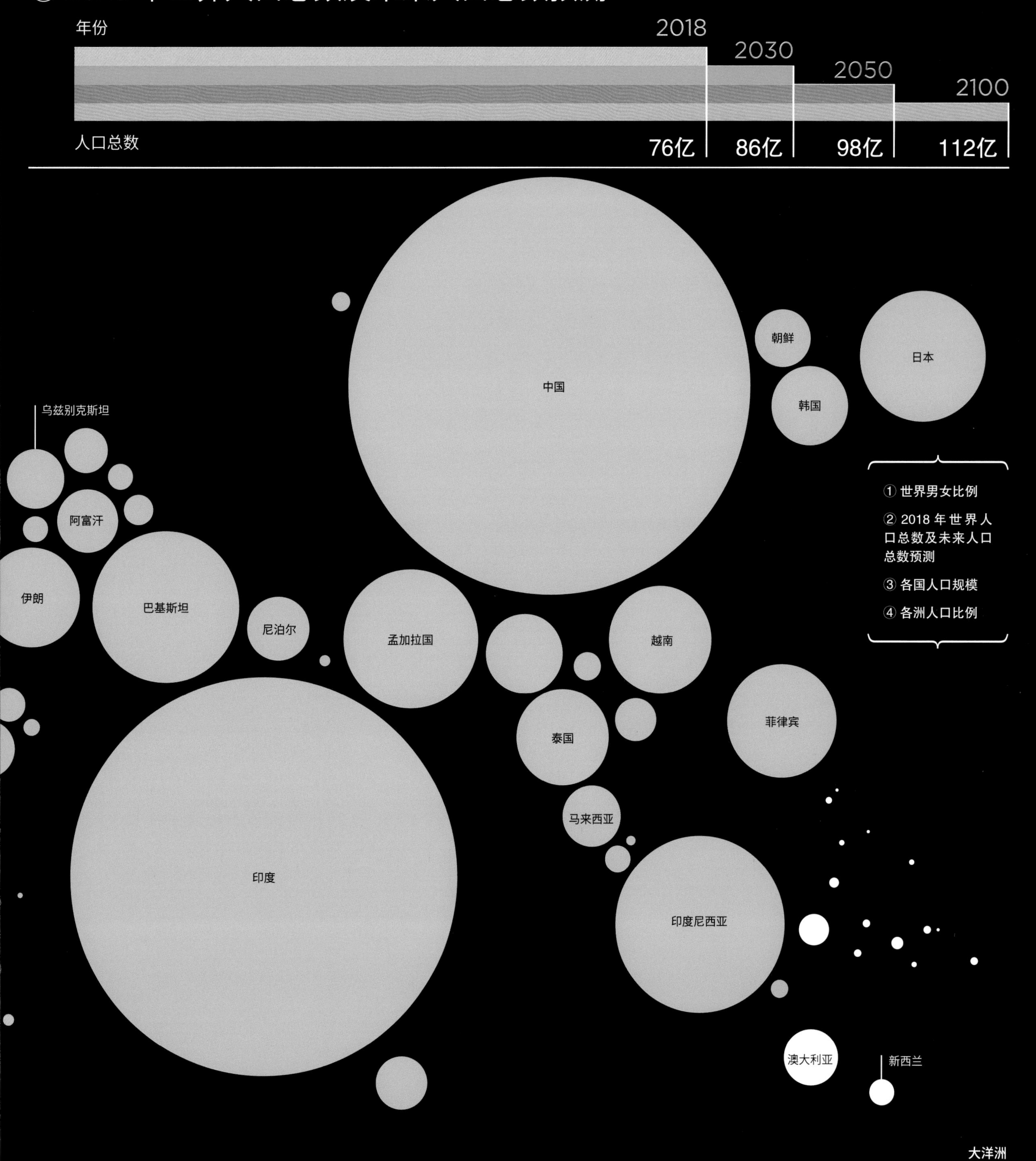

大洋洲

0.5%

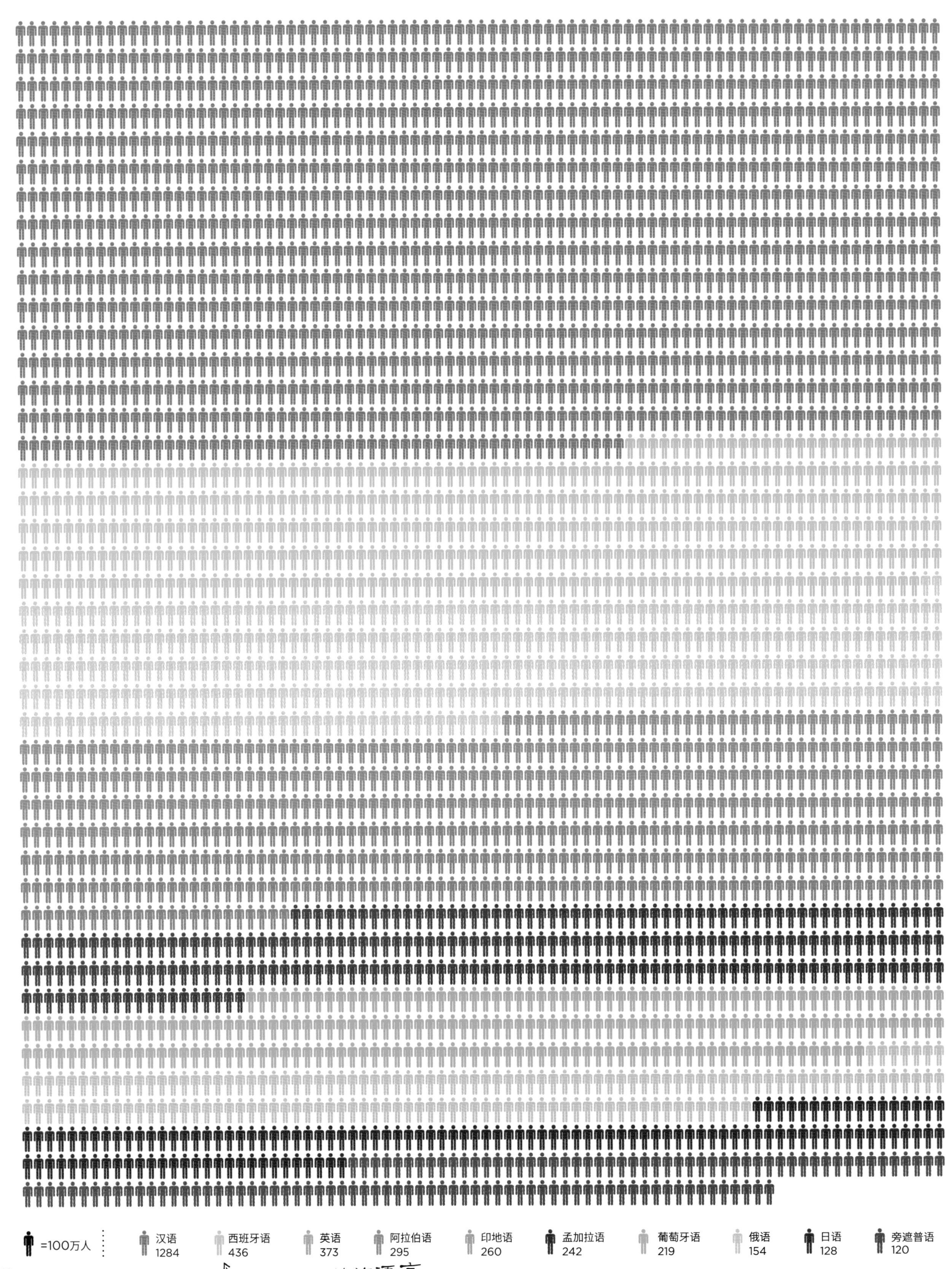
=100万人
汉语
1284
西班牙语
436
英语
373
阿拉伯语
295
印地语
260
孟加拉语
242
葡萄牙语
219
俄语
154
日语
128
旁遮普语
120
这是我说的语言

5. 全世界的语言

我们在家里说西班牙语，在学校里学习英语。
西班牙语是从拉丁语衍生出来的一种语言，
与法语、意大利语和葡萄牙语是兄弟语言。
有许多国家以西班牙语为第一语言。
目前，西班牙语已成为全世界使用人数排名第二的语言！

① 全世界使用人数最多的语言（左页每个人形代表 100 万人）

② 联合国的 6 种工作语言

③ 作为第二语言学习人数最多的语言

① 全世界使用人数最多的语言

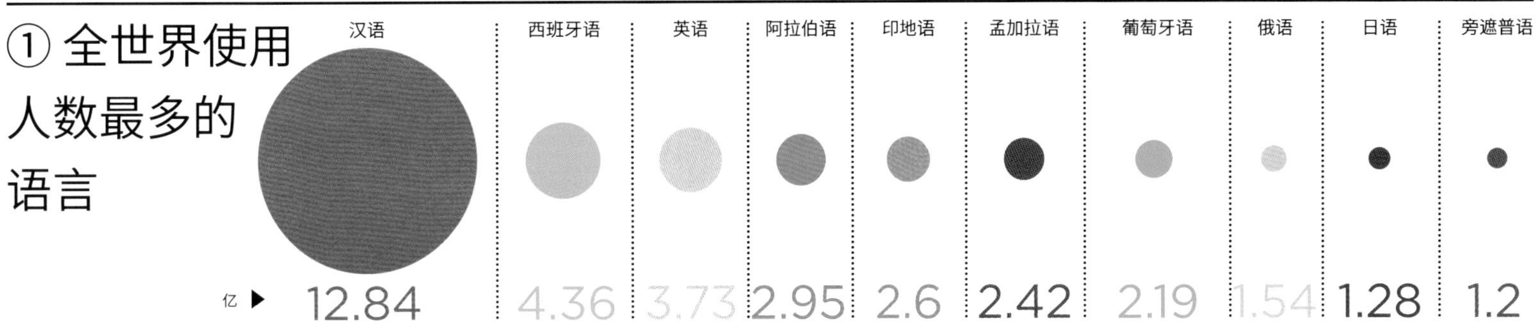

② 联合国的 6 种工作语言

③ 作为第二语言学习人数最多的语言

语言	万
英语	150000
法语	8200
汉语	3000
西班牙语	1450
德语	1450
意大利语	800
日语	300

6. 工作与职业

① 常见的传统职业

1. 快递员 / 2. 鸟类学家 / 3. 牙科技师 / 4. 配镜师 / 5. 裁判 / 6. 钟表匠 / 7. 飞行员 / 8. 船员 / 9. 首饰匠 / 10. 鱼贩 / 11. 木匠（爸爸的职业）
12. 机械工 / 13. 护士 / 14. 兽医（妈妈的职业）/ 15. 地质学家 / 16. 餐厅服务员 / 17. 宇航员 / 18. 裁缝 / 19. 矿工 / 20. 渔民 / 21. 教师
22. 消防员 / 23. 摄影师 / 24. 自行车运动员 / 25. 厨师 / 26. 电工 / 27. 理发师 / 28. 医生 / 29. 油漆工 / 30. 作家 / 31. 音乐家 / 32. 泥瓦工
33. 科学家 / 34. 花艺师 / 35. 法官 / 36. 邮递员 / 37. 建筑师 / 38. 园丁 / 39. 侦探

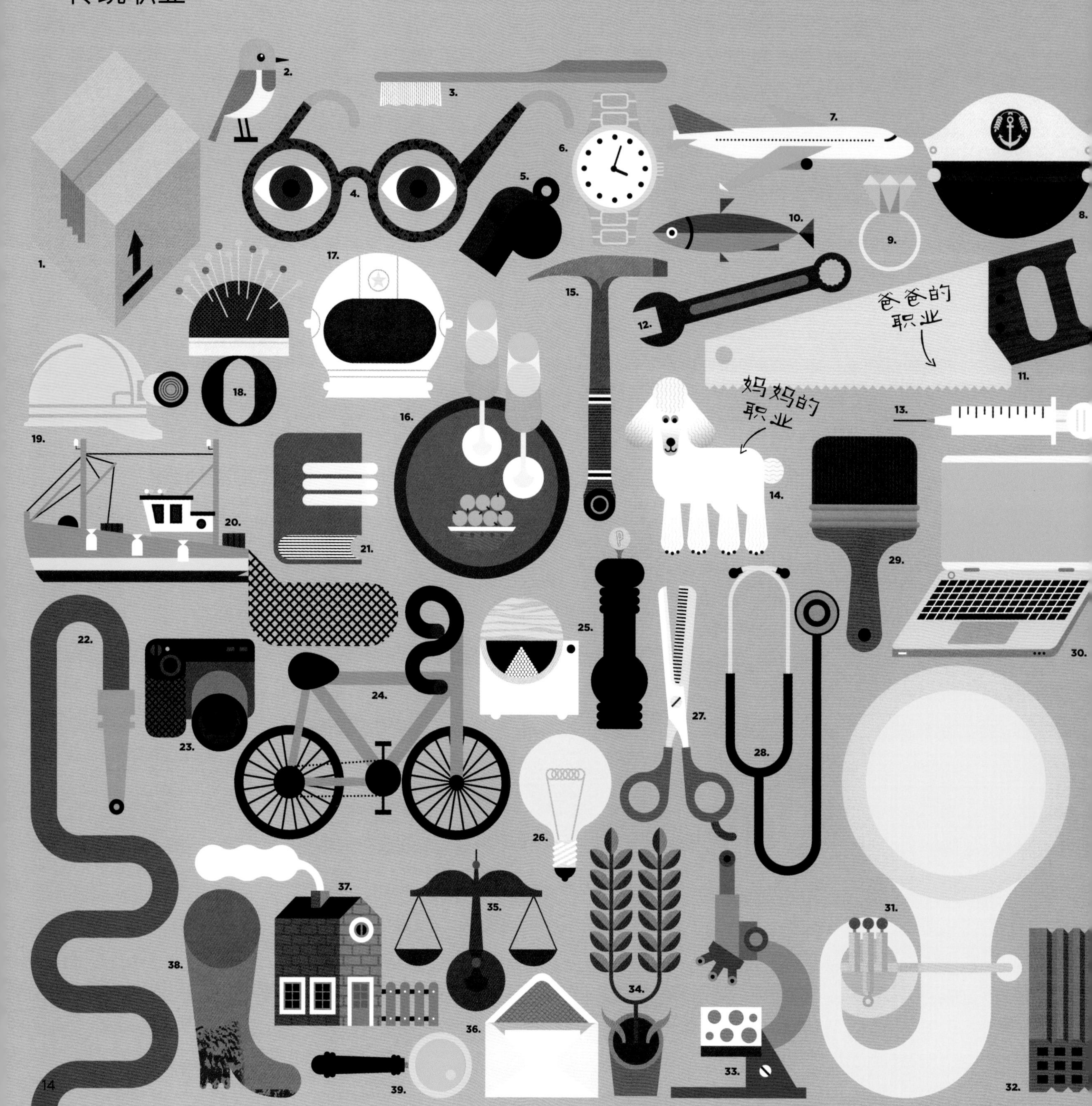

我妈妈是兽医，我爸爸是木匠，这些都是传统的职业。
如今还出现了许多与互联网和高新科技相关的职业。

② 5 种新兴职业

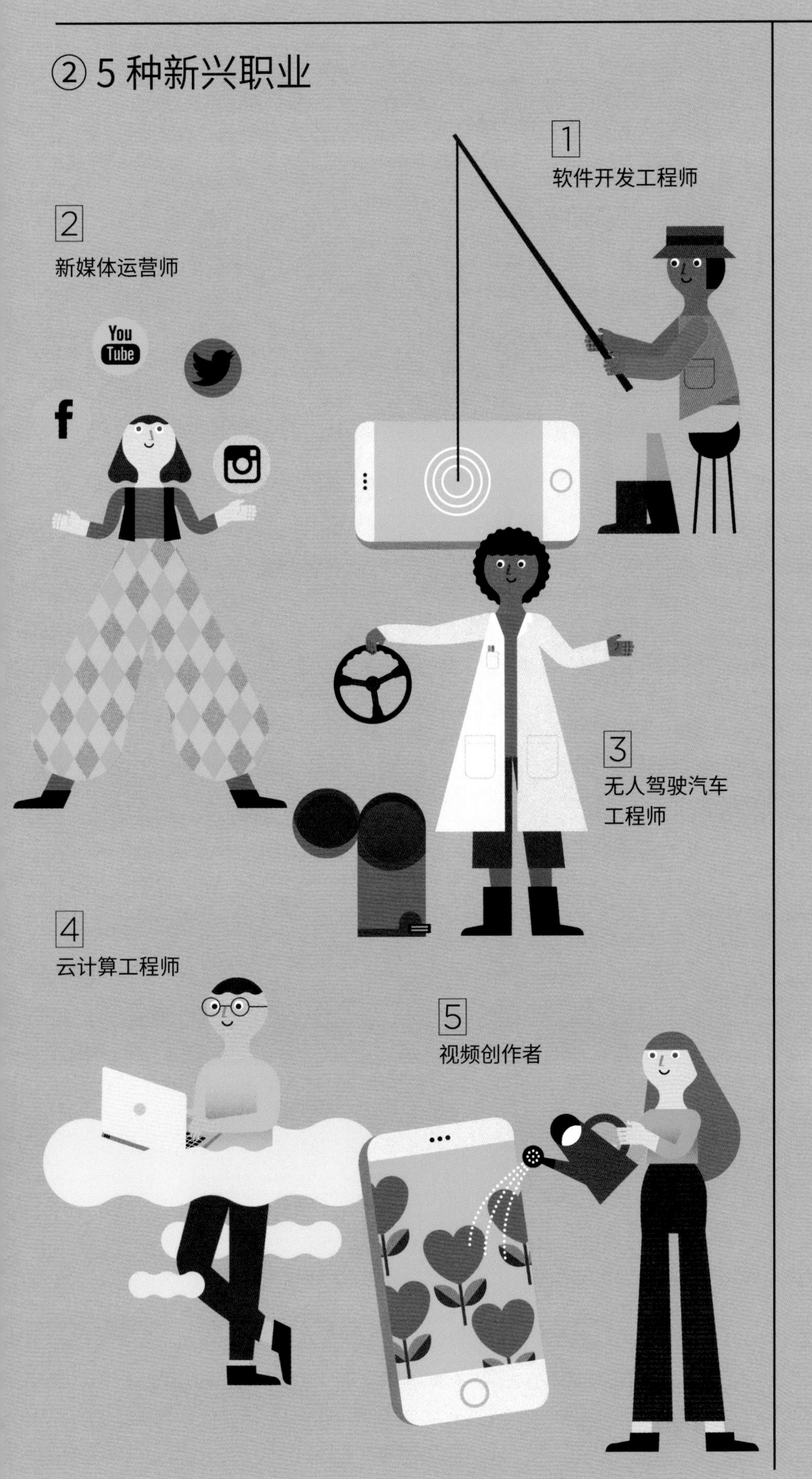

1 软件开发工程师

2 新媒体运营师

3 无人驾驶汽车工程师

4 云计算工程师

5 视频创作者

③ 全世界 70 多亿人在做什么工作？

19 亿
还太年轻，
不能工作
（0 ~15 岁）

17 亿
从事
服务工作

14 亿
从事
农业生产

8 亿
从事
工业生产

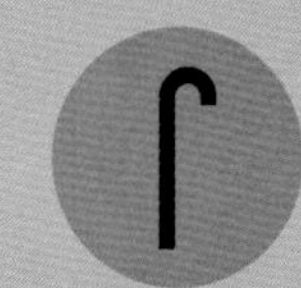

5.77 亿
不再工作
（64 岁以上）

4.3 亿
无业

4 亿
从事商业活动

7. 世界各地的住房

① 各国每户平均住房面积
② 世界各地的传统民居

① 各国每户平均住房面积

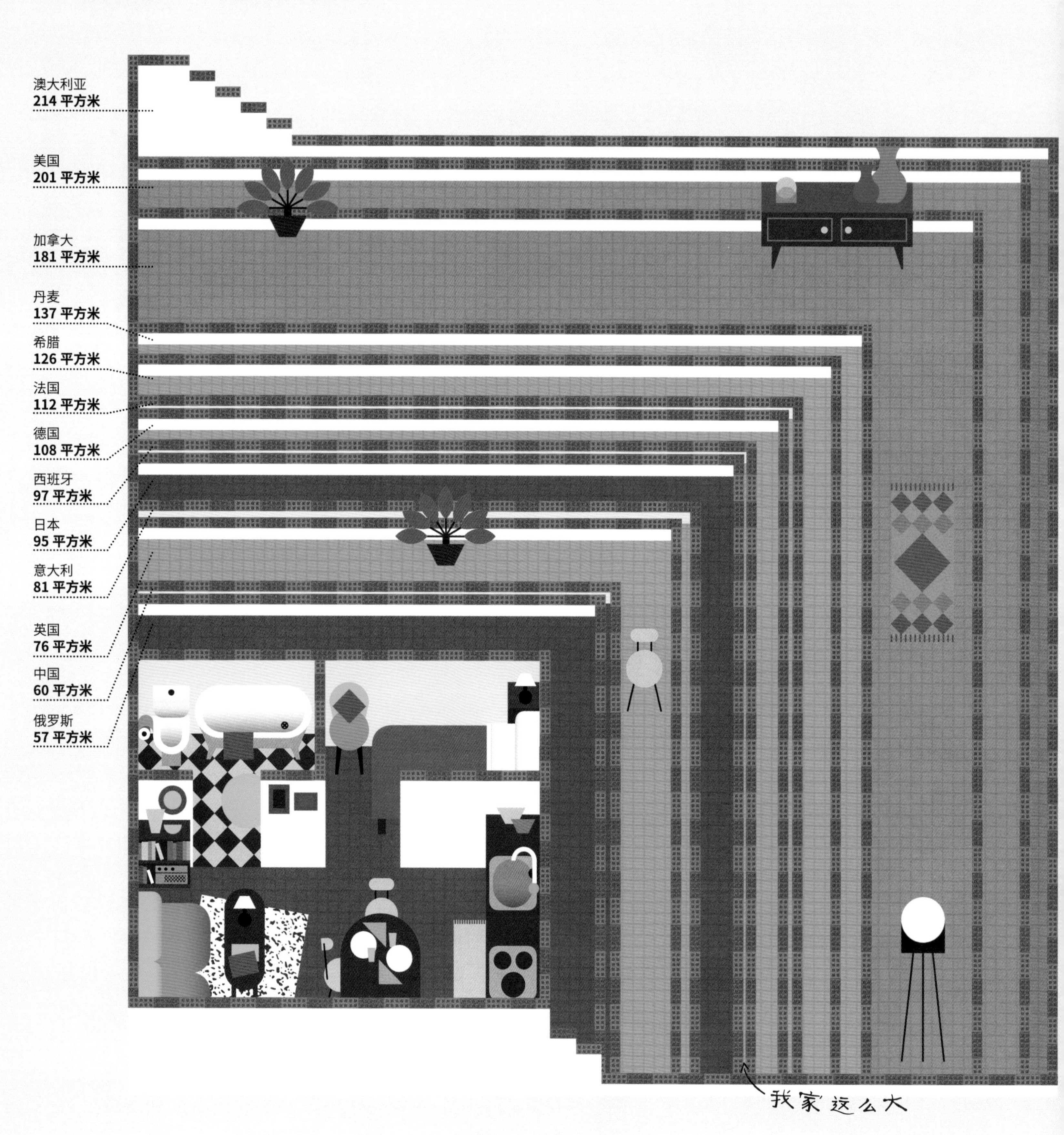

我家住在一栋很高的公寓楼的二楼，
房子不大，但是采光很好，我们从阳台上可以看见大海。
我家有两间卧室，一间爸妈住，另一间我和弟弟住。

② 世界各地的传统民居

山地木屋
法国阿尔卑斯山地区

俄罗斯木屋
俄罗斯东部

圆顶石屋
意大利普利亚大区

英式别墅
英国

草皮屋
冰岛

圆顶茅草屋
南非

草垛屋
葡萄牙

海螺屋
美国佛罗里达州

圆顶冰屋
加拿大北极地区

10

韩屋
韩国

古民家
日本

沼泽芦棚小屋
伊拉克

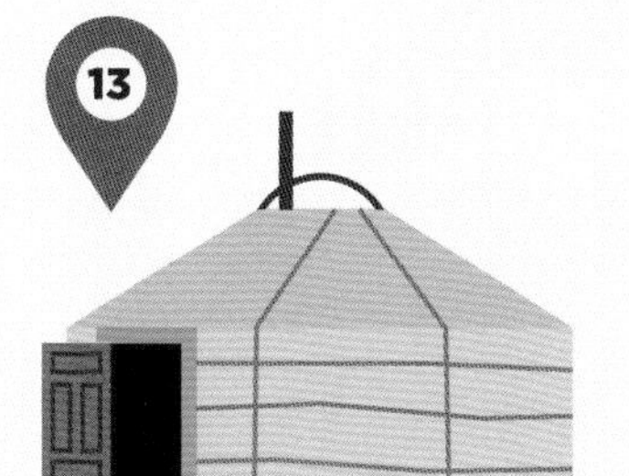

蒙古包
蒙古

昆士兰式别墅
澳大利亚

8. 城市人口

我家所在的巴塞罗那，不是一个超大的城市，但也不小。
它是欧洲人口最密集的城市之一，
也就是说，在狭小的空间里生活着很多人。

① 城市人口数量

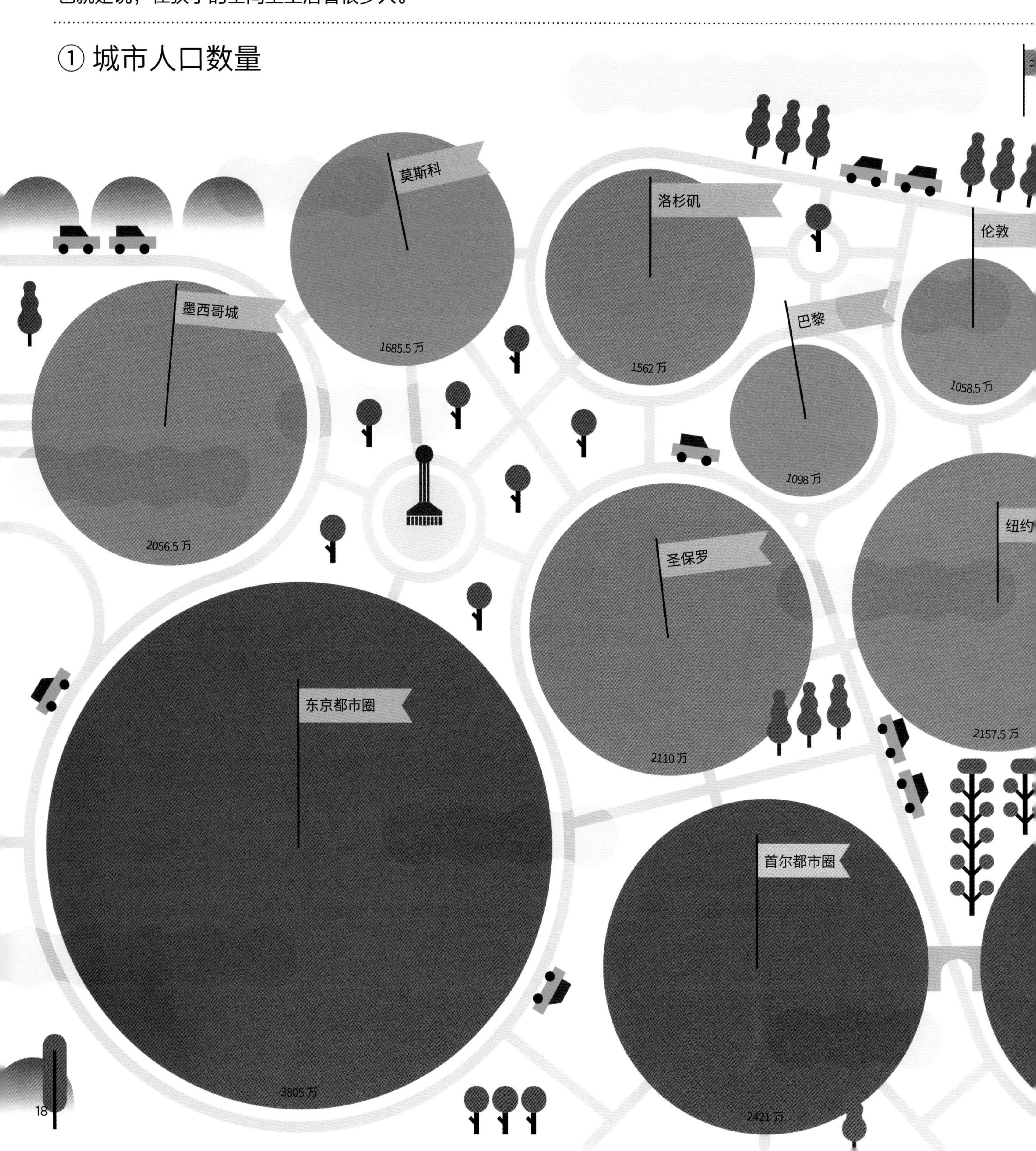

① 城市人口数量（采用城市群或都市圈的统计数据）

② 城市人口密度（每平方千米居民数量，每一个人形代表1000 名居民）

③ 1950 年全世界人口规模最大的城市（不同颜色代表不同洲）

④ 预计 2030 年全世界人口规模最大的城市（不同颜色代表不同洲）

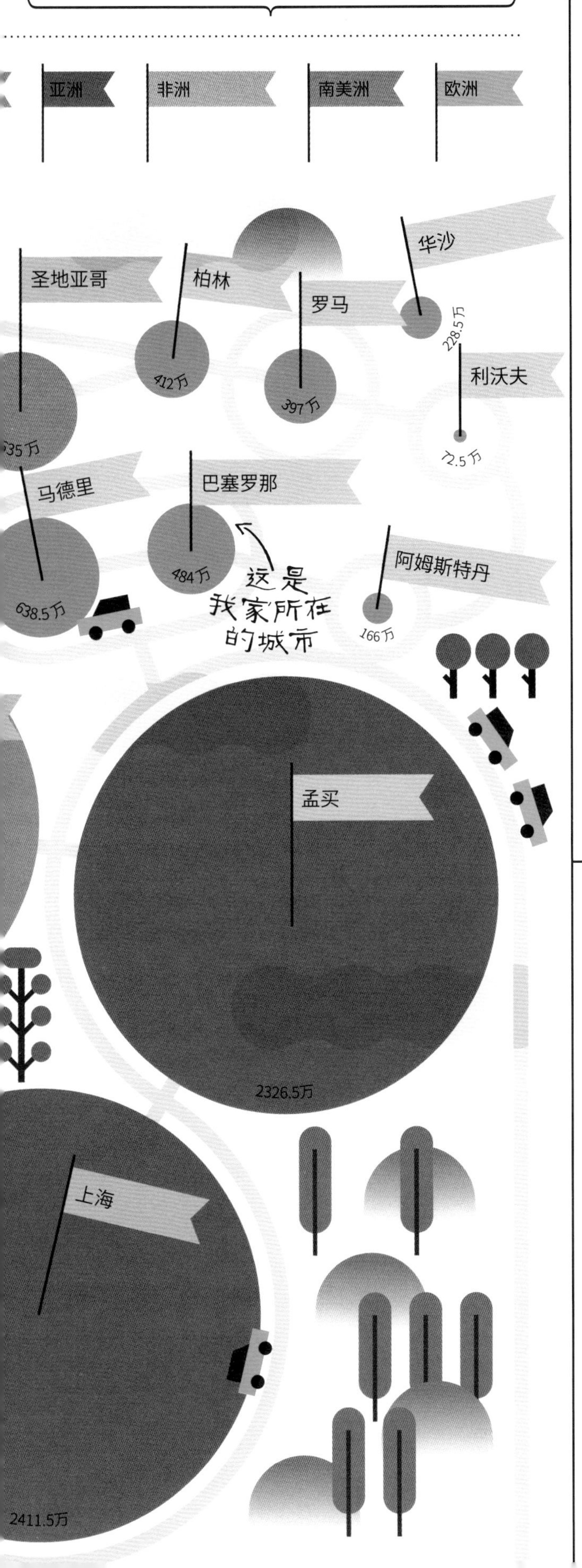

② 城市人口密度

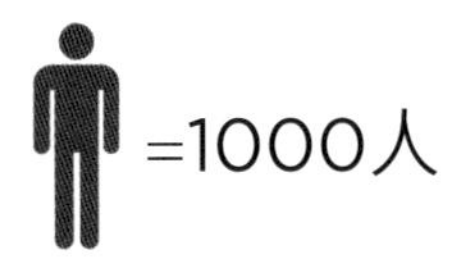

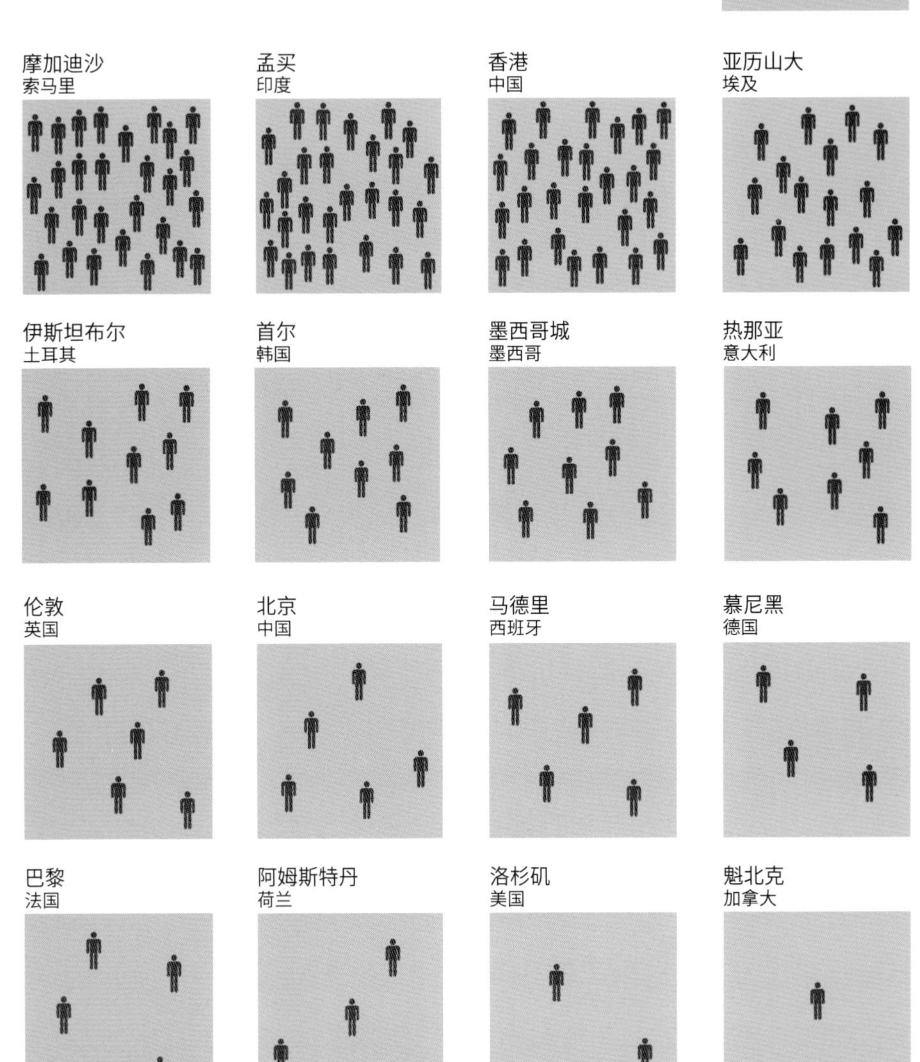

③ 1950 年全世界人口规模最大的城市

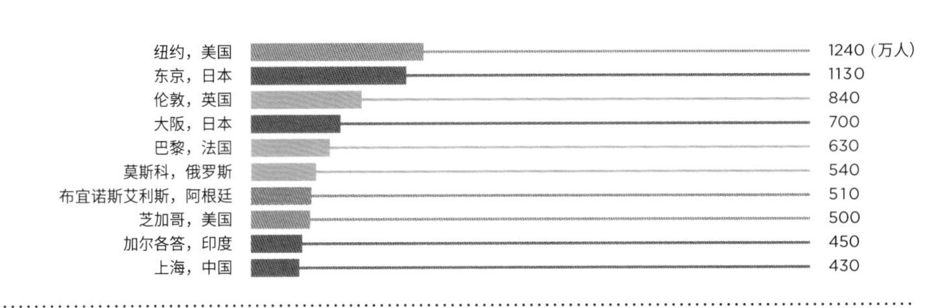

④ 预计 2030 年全世界人口规模最大的城市

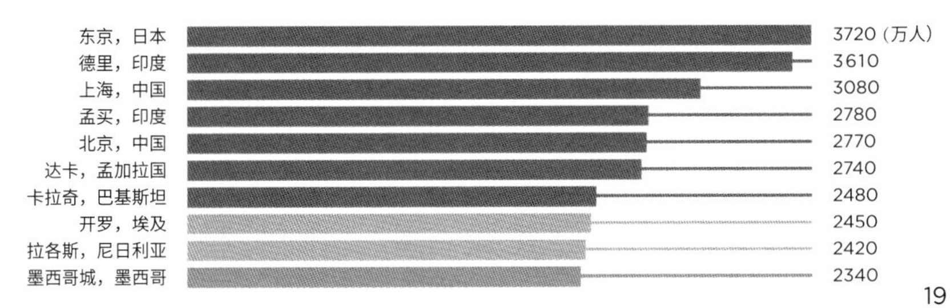

9. 世界各地的早餐

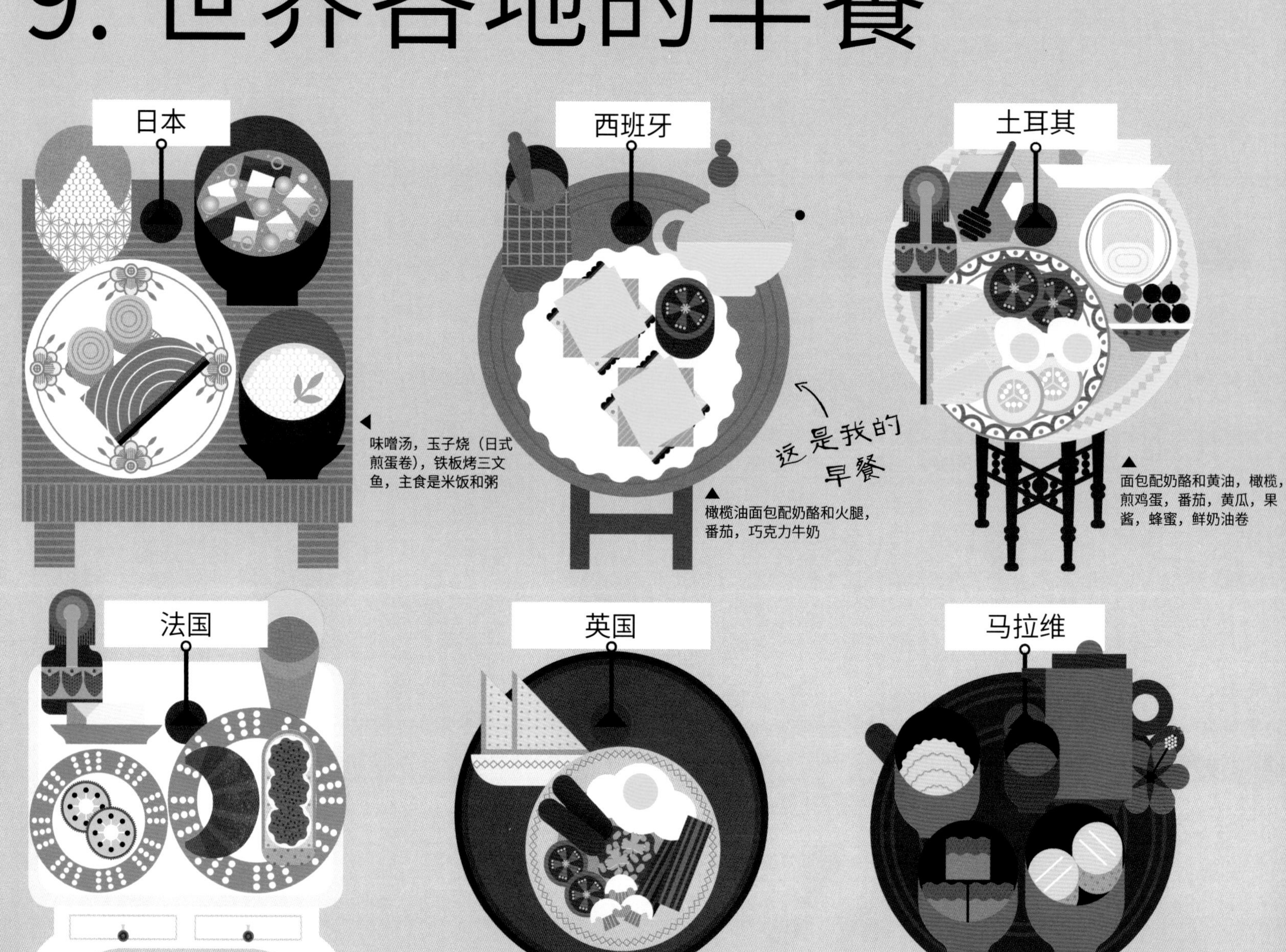

◀味噌汤，玉子烧（日式煎蛋卷），铁板烤三文鱼，主食是米饭和粥

▲橄榄油面包配奶酪和火腿，番茄，巧克力牛奶

▲面包配奶酪和黄油，橄榄，煎鸡蛋，番茄，黄瓜，果酱，蜂蜜，鲜奶油卷

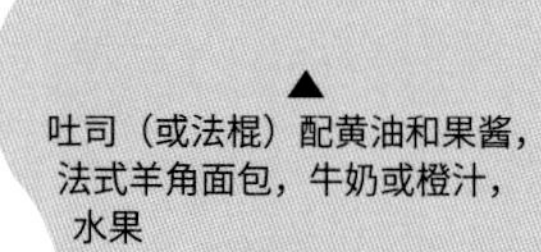

▲吐司（或法棍）配黄油和果酱，法式羊角面包，牛奶或橙汁，水果

▲鸡蛋，香肠，煎培根，茄汁焗豆，蘑菇，番茄，炸面包片

▲玉米糊，玉米饼，煮土豆，芙蓉花糖水

▲面包配火腿和奶酪片，甜面包，新鲜奶油奶酪

▲红糖燕麦粥，黄油，枫糖浆，酸奶

▲牛奶或酸奶，黄油，撒着巧克力针的面包片

我曾经以为全世界的小朋友吃的早餐都和我吃的一样。
但其实并不是！例如，日本的小朋友早餐吃三文鱼，
英国的小朋友早餐吃焗豆子和蘑菇，而冰岛的小朋友早上会喝酸奶！

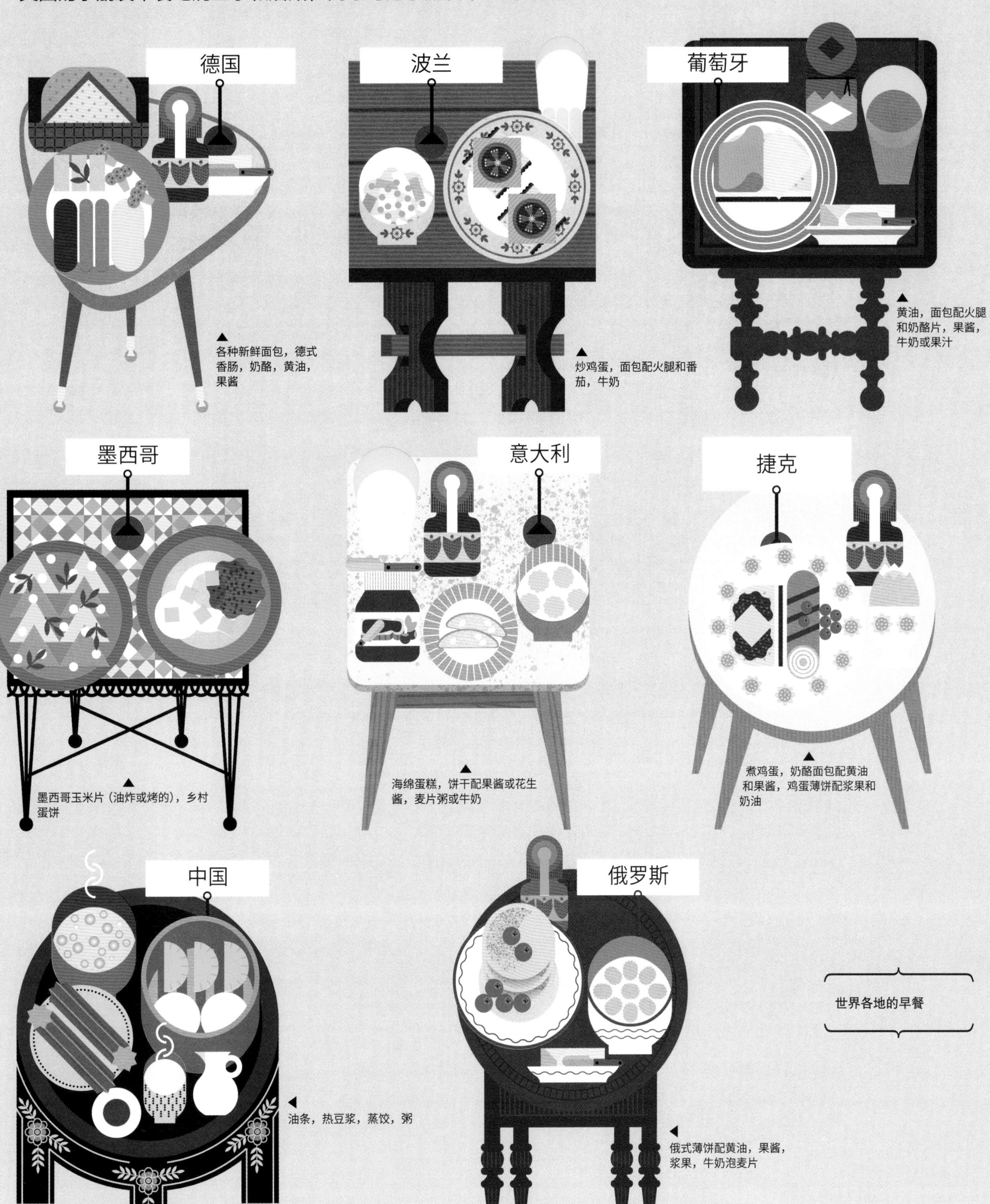

▲ 各种新鲜面包，德式香肠，奶酪，黄油，果酱

▲ 炒鸡蛋，面包配火腿和番茄，牛奶

▲ 黄油，面包配火腿和奶酪片，果酱，牛奶或果汁

▲ 墨西哥玉米片（油炸或烤的），乡村蛋饼

▲ 海绵蛋糕，饼干配果酱或花生酱，麦片粥或牛奶

▲ 煮鸡蛋，奶酪面包配黄油和果酱，鸡蛋薄饼配浆果和奶油

◀ 油条，热豆浆，蒸饺，粥

◀ 俄式薄饼配黄油，果酱，浆果，牛奶泡麦片

10. 城市里的交通

① 全世界交通最拥堵的城市

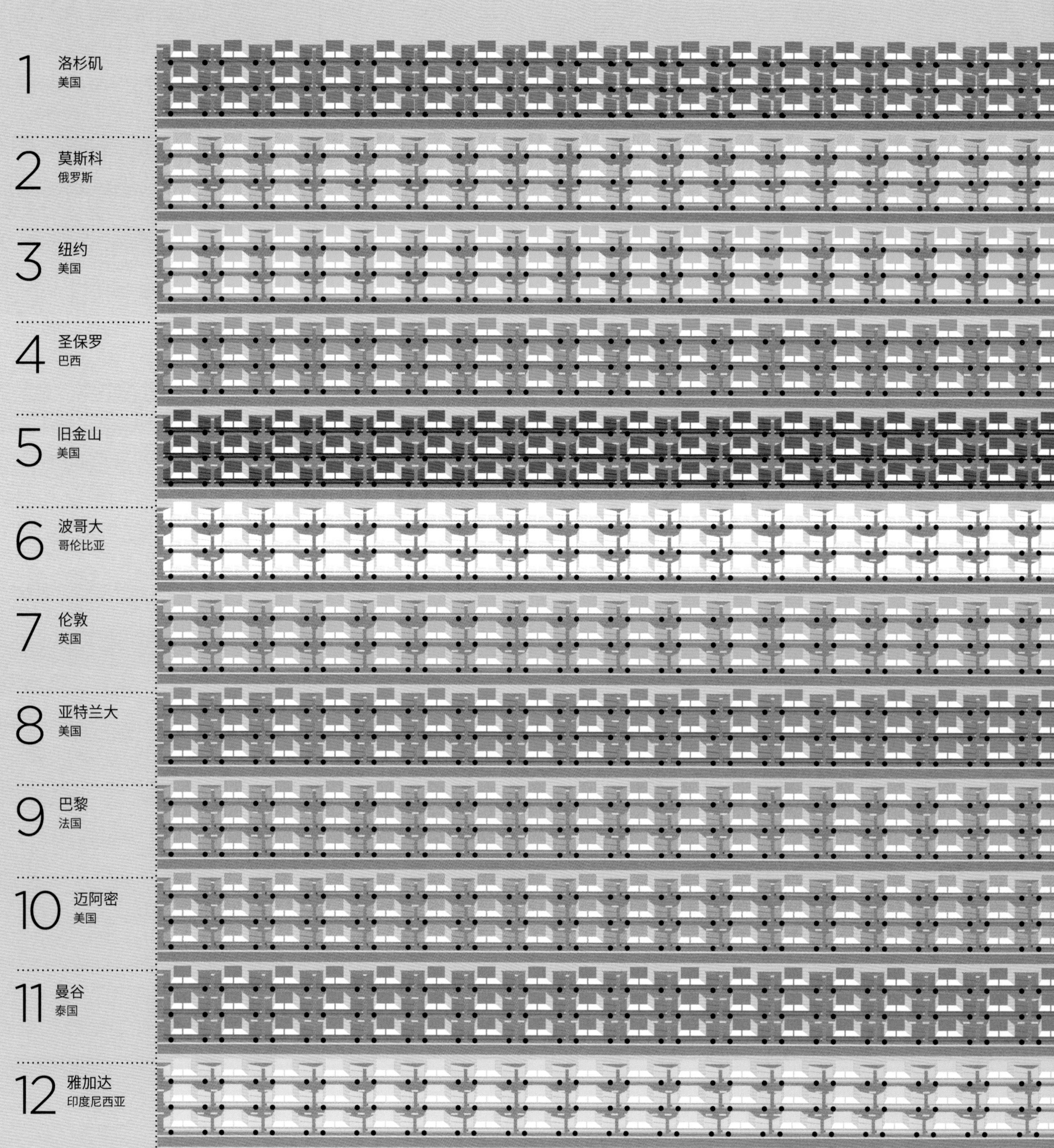

我家离学校很近，我所在的城市的交通也不繁忙。
从我家开车到学校只要 8 分钟！我听说在有些城市，
人们要在路上花很多时间，小朋友们花在上学路上的时间达 1 小时以上！

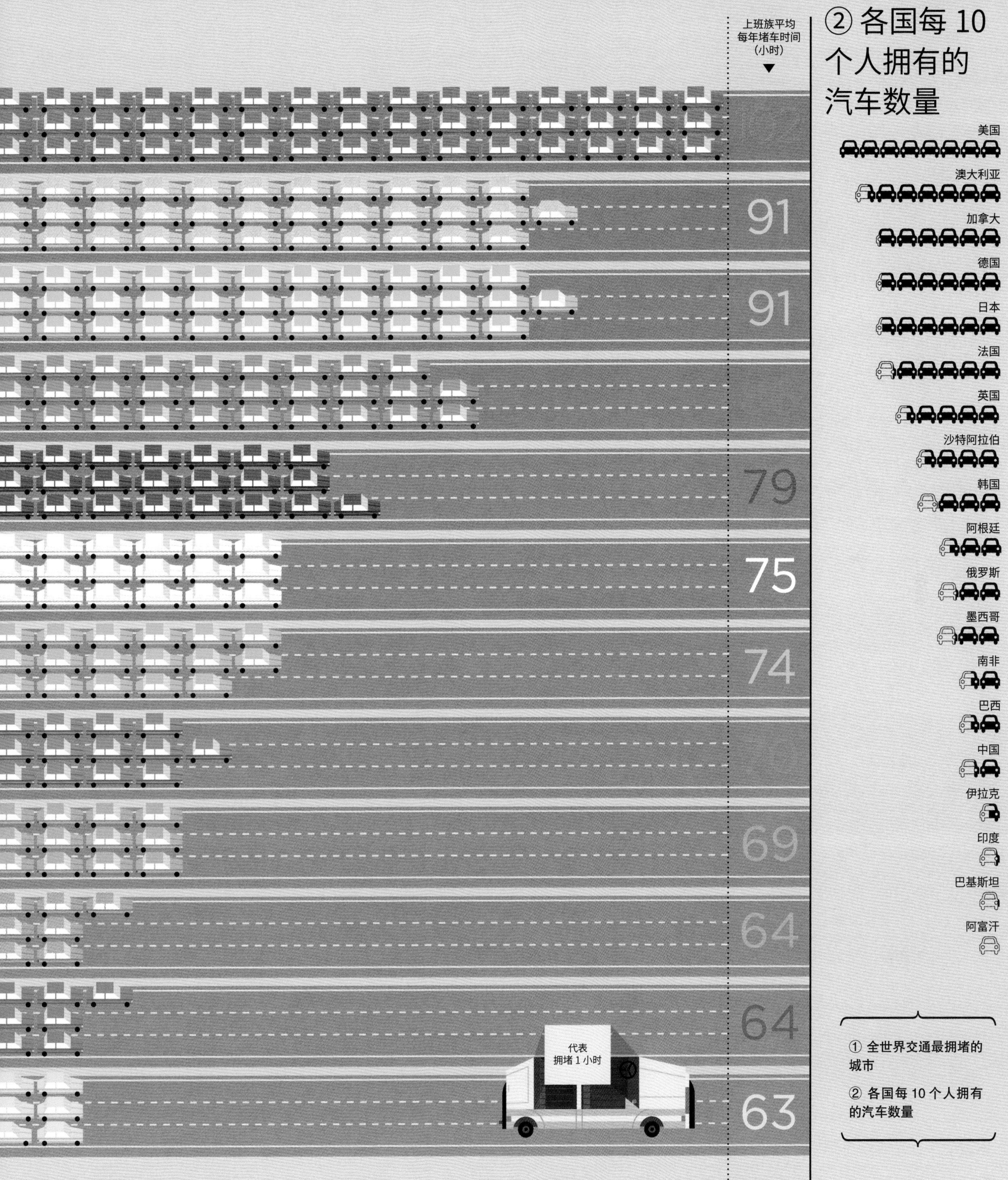

② 各国每 10 个人拥有的汽车数量

美国
澳大利亚
加拿大
德国
日本
法国
英国
沙特阿拉伯
韩国
阿根廷
俄罗斯
墨西哥
南非
巴西
中国
伊拉克
印度
巴基斯坦
阿富汗

① 全世界交通最拥堵的城市

② 各国每 10 个人拥有的汽车数量

11. 各国儿童的入学情况

各个国家孩子上学的时间和形式并不完全一样。
在西班牙，孩子会在学校里度过很长的时光，
从 6 岁开始接受义务教育，直到 15 岁结束。

世界上还有许多孩子，特别是女孩子，
不能去学校读书。
但令人高兴的是，这种状况正在逐渐改善。

① 各国儿童接受小学和初中教育的小时数和年数

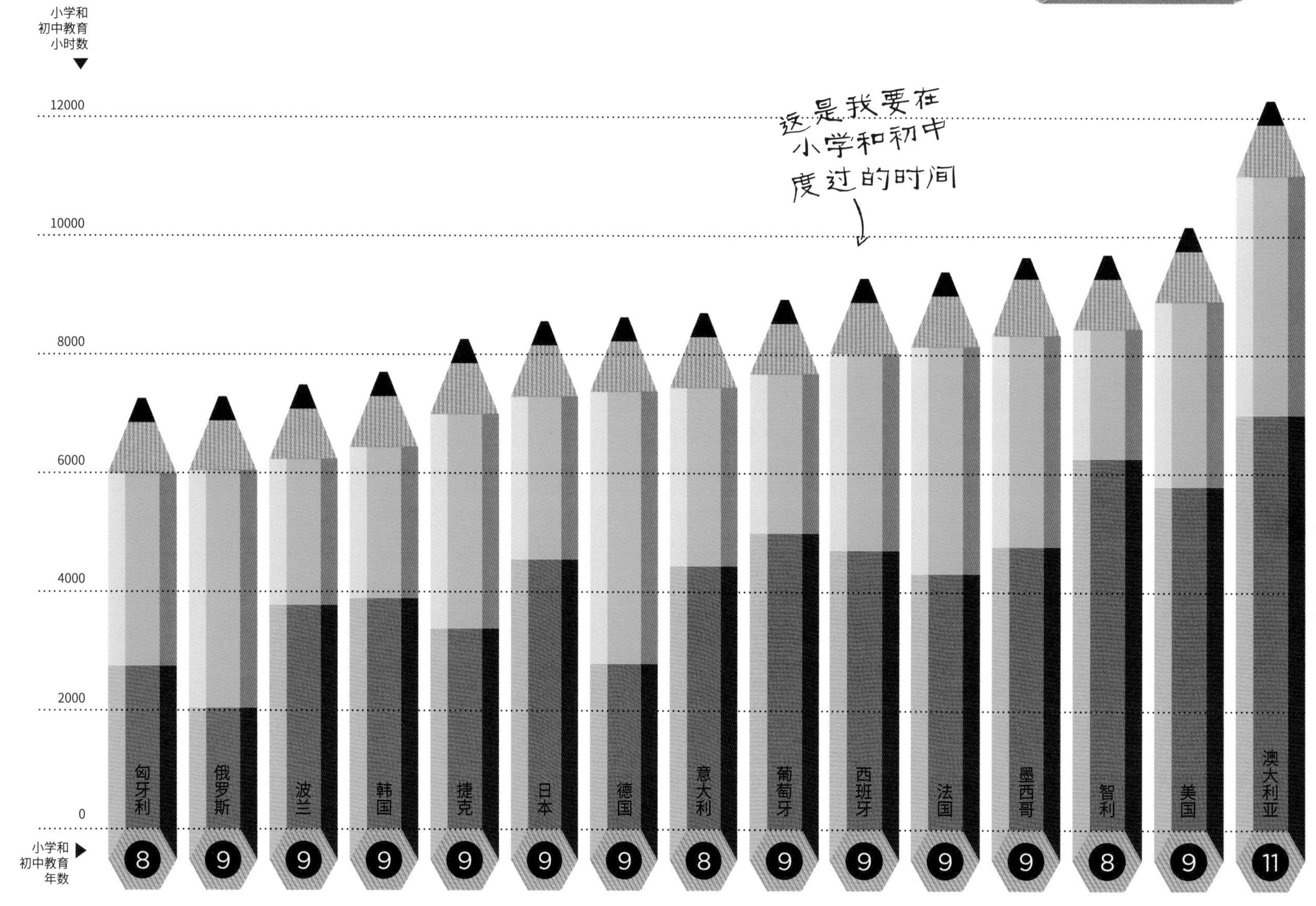

② 世界儿童入学年龄比例

12% 66% 22%

4或5岁 6岁 7岁

③ 世界儿童入学年龄分布图

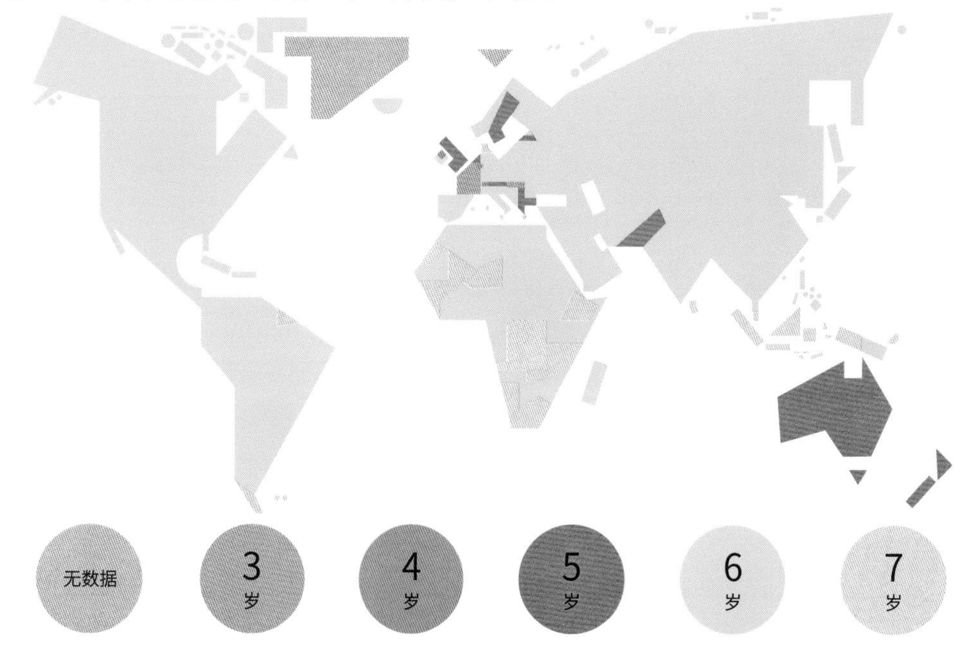

④ 全世界失学儿童人数

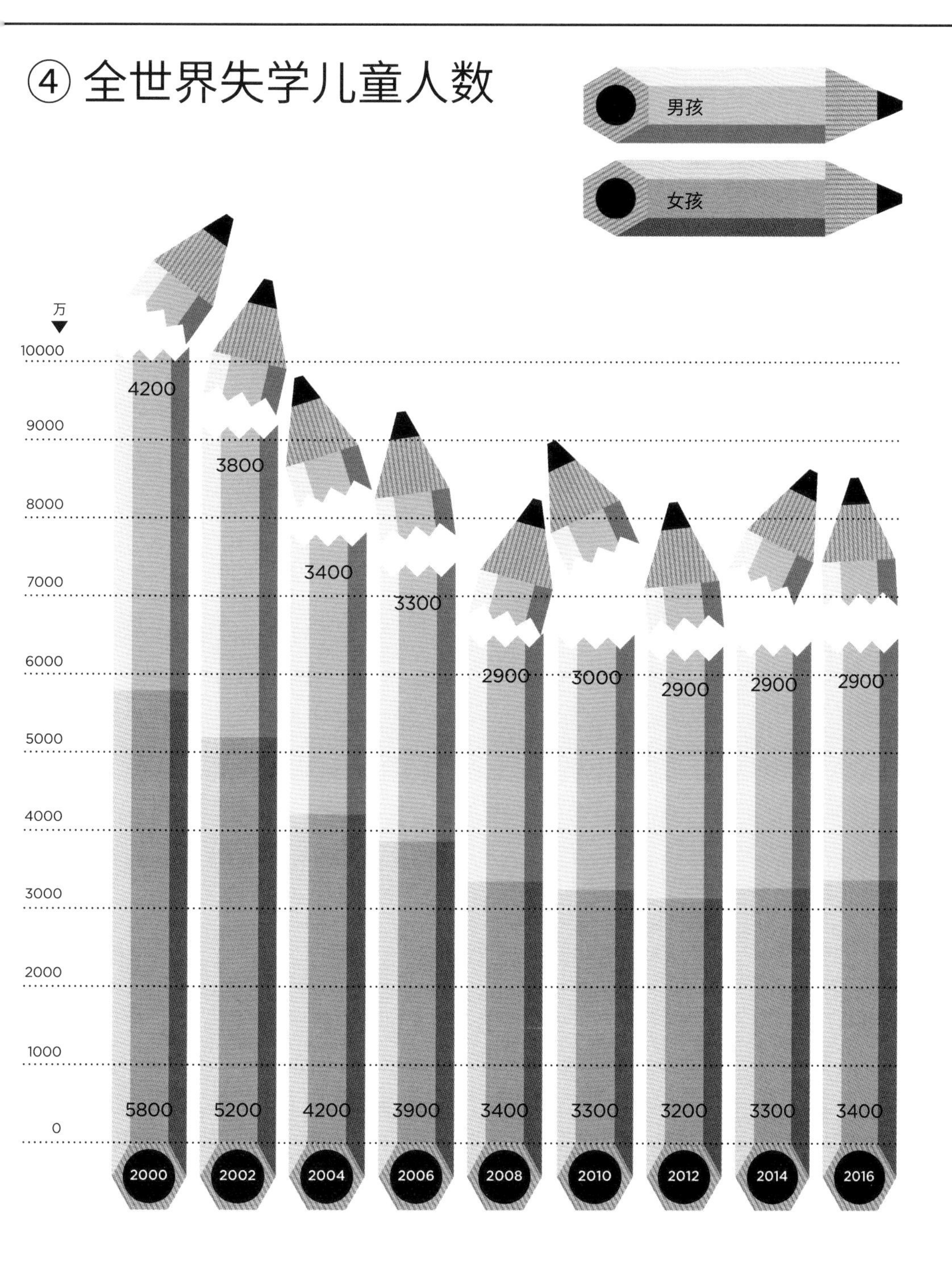

⑤ 全世界年轻人所学专业比例图

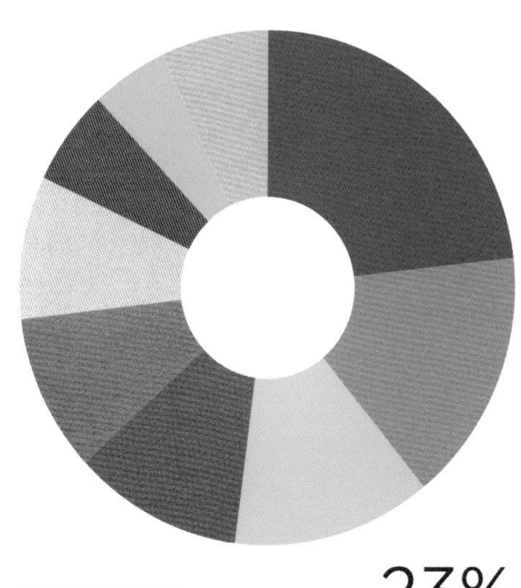

工商管理和法律	23%
机械制造和建筑学	16%
医学	13%
艺术和人文	11%
社会科学、新闻学和信息学	10%
教育学	9%
自然科学和统计学	6%
信息和通信技术	5%
其他学科	7%

12. 班级人数和校服

① 各国小学班级平均人数
② 各国学生的校服

① 各国小学班级平均人数

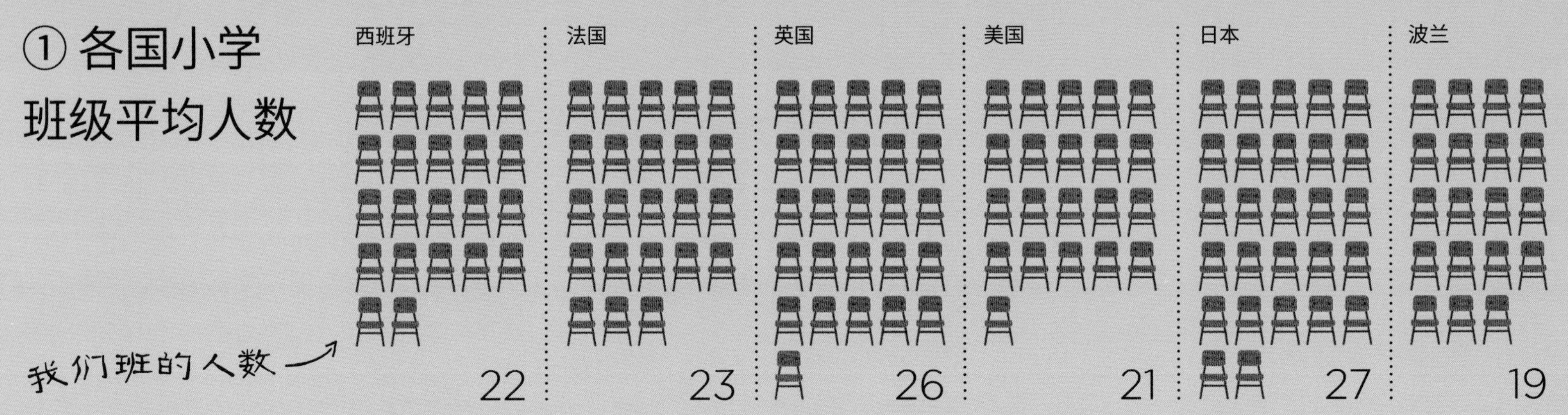

② 各国学生的校服

在西班牙，很多小朋友上学时都不穿校服，我们穿自己的衣服去学校。而有的国家，学生们穿统一的校服去上学。

荷兰	智利	冰岛	意大利	墨西哥	葡萄牙	中国
23	30	19	19	22	21	37

13. 学校的午餐

到了吃午餐的时间，我们都饿啦！
大家跑到餐厅，排队领餐。
品尝世界各国的校园美食一定非常有趣，
下面的午餐我都想尝尝！

意大利

水果，胡萝卜沙拉，小面包，
意大利面，煎鱼配芝麻菜

捷克

白面包，酸白菜，苹果汁，
土豆蘑菇汤，烤猪排配酱

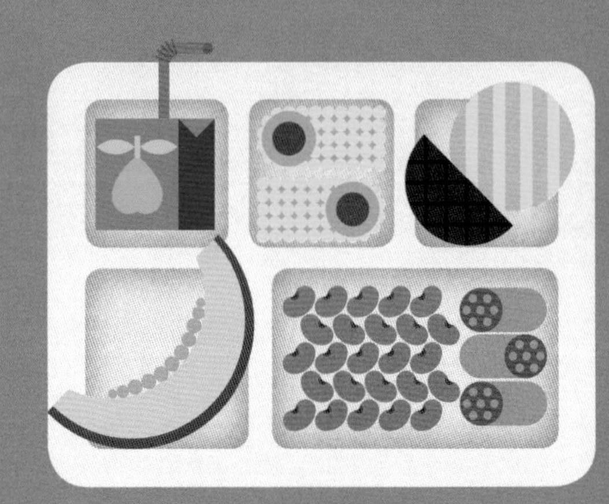

英国

梨汁，玉米，烤土豆片，
甜瓜，豆子和香肠

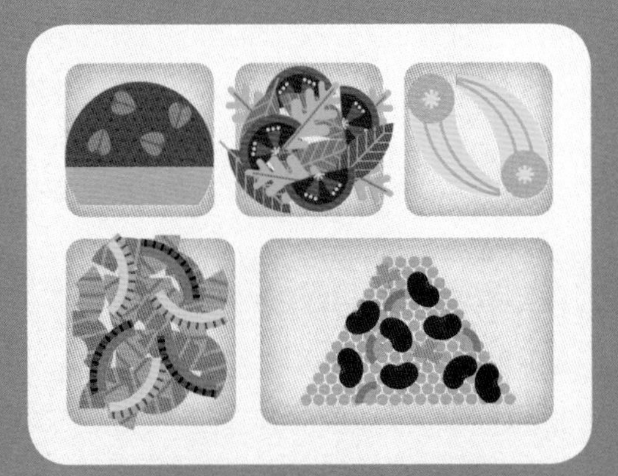

巴西

果仁面包，番茄沙拉，炸芭蕉，
辣椒炒猪肉，黑豆酱配米饭

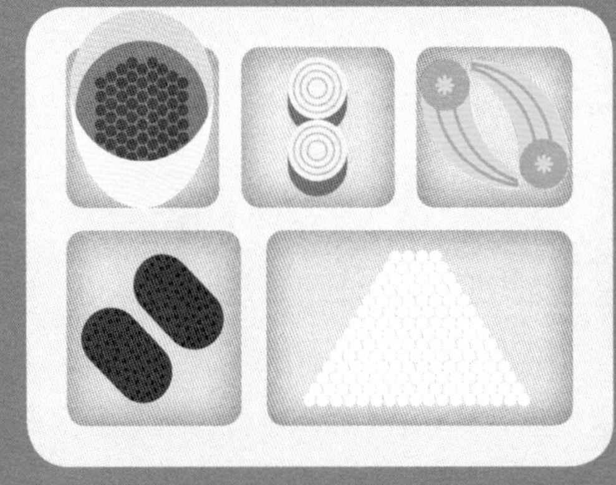

古巴

黄豌豆汤，芋头片，炸芭蕉，
炸鸡块，米饭

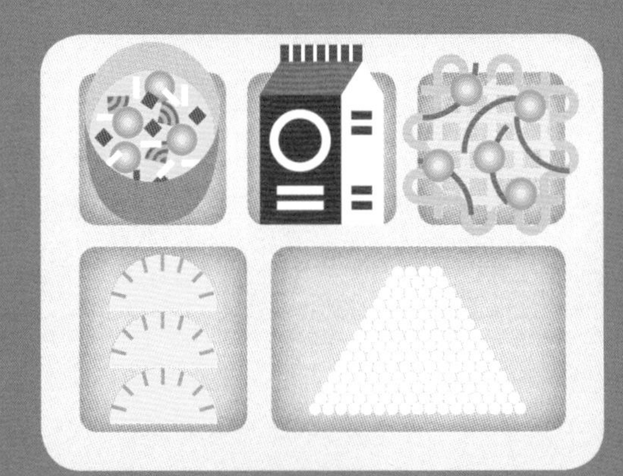

中国

蔬菜汤，牛奶，拌面，
饺子和米饭

日本

味噌汤，章鱼丸，牛奶，
三文鱼，米饭

挪威

果汁，煮土豆，豌豆，
华夫饼，奶油酱配三文鱼

瑞典

橘子汁，煮土豆，炖蔬菜，
黑麦饼干，花椰菜、胡萝卜沙拉

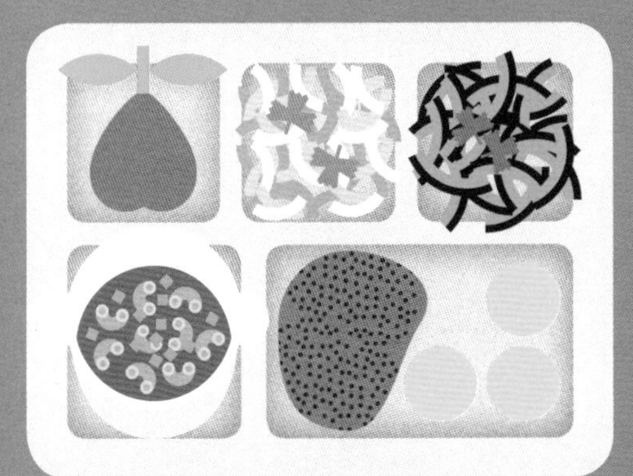

波兰

苹果或梨，新鲜蔬菜，卷心菜沙拉，
蔬菜通心粉汤，炸猪排配烤土豆

印度

白脱牛奶，蔬菜，豆腐，
南印酸豆汤，南瓜，米饭

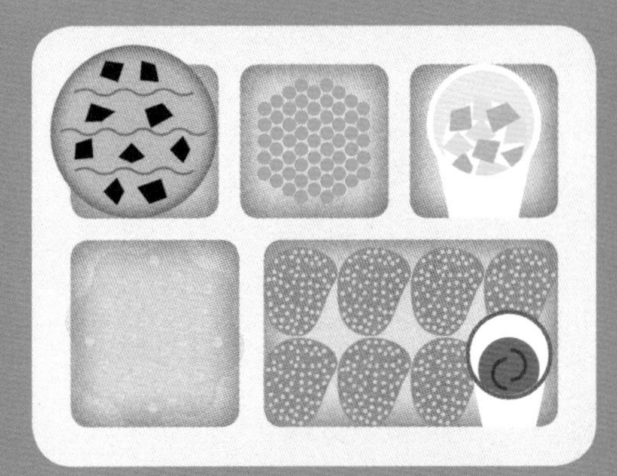

美国

巧克力曲奇饼干，豌豆，水果沙拉，
土豆泥，鸡肉饼蘸番茄酱

芬兰

胡萝卜，小面包，豌豆汤，
甜菜沙拉，浆果可丽饼

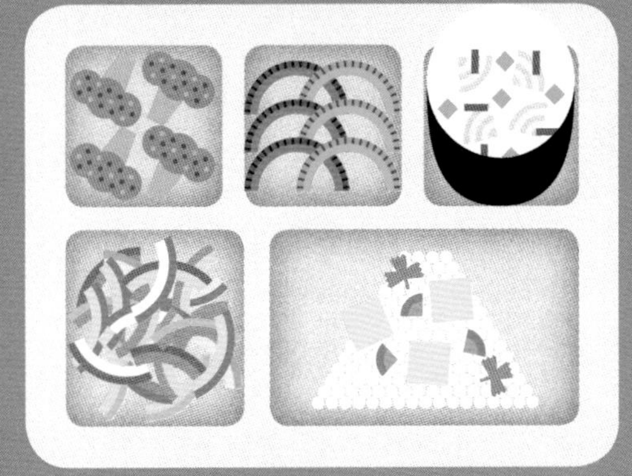

韩国

西蓝花，彩椒，鱼汤，
泡菜，豆腐炒饭

法国

奇异果，苹果，奶酪，
胡萝卜，牛排配青豆

西班牙

橙子，彩椒沙拉，面包，
西班牙冷菜汤，海鲜饭

乌克兰

卷心菜沙拉，果汁，罗宋汤，
香肠配土豆泥，可丽饼

坦桑尼亚

奶酪，玉米糊，蔬菜沙拉，
西瓜，咖喱鸡

希腊

石榴希腊酸奶，黄瓜、番茄沙拉，葡萄叶卷包，
橙子，粒粒面配烤鸡肉

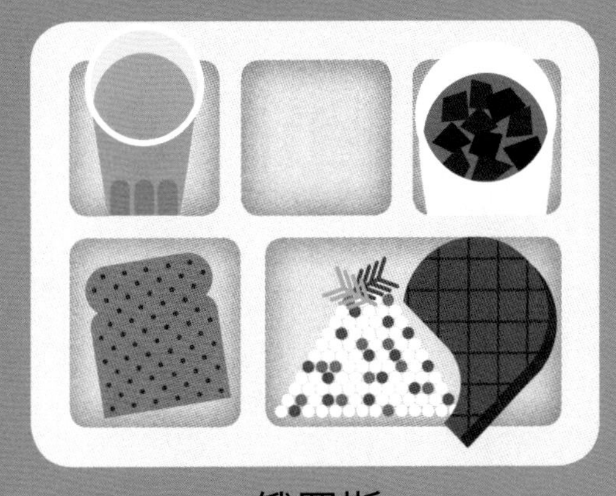

俄罗斯

苹果汁，罗宋汤，
黑麦面包，荞麦饭和牛排

葡萄牙

苹果，炖土豆，番茄沙拉，
鹰嘴豆汤，铁板沙丁鱼

14. 家庭作业

① 各国小学生写作业的时间
② 各国父母陪孩子写作业的平均时间
③ 各国怕做数学作业的学生比例

我背着书包放学回家后的第一件事就是吃点心，
休息一会儿后，爸爸妈妈就要来问那个例行问题
“今天有什么作业啊？”。
似乎其他国家的小朋友们也会在家庭作业上花费很多时间。
有些作业让人好头疼啊，
特别是数学作业！

① 各国小学生写作业的时间

② 各国父母陪孩子写作业的平均时间

③ 各国怕做数学作业的学生比例

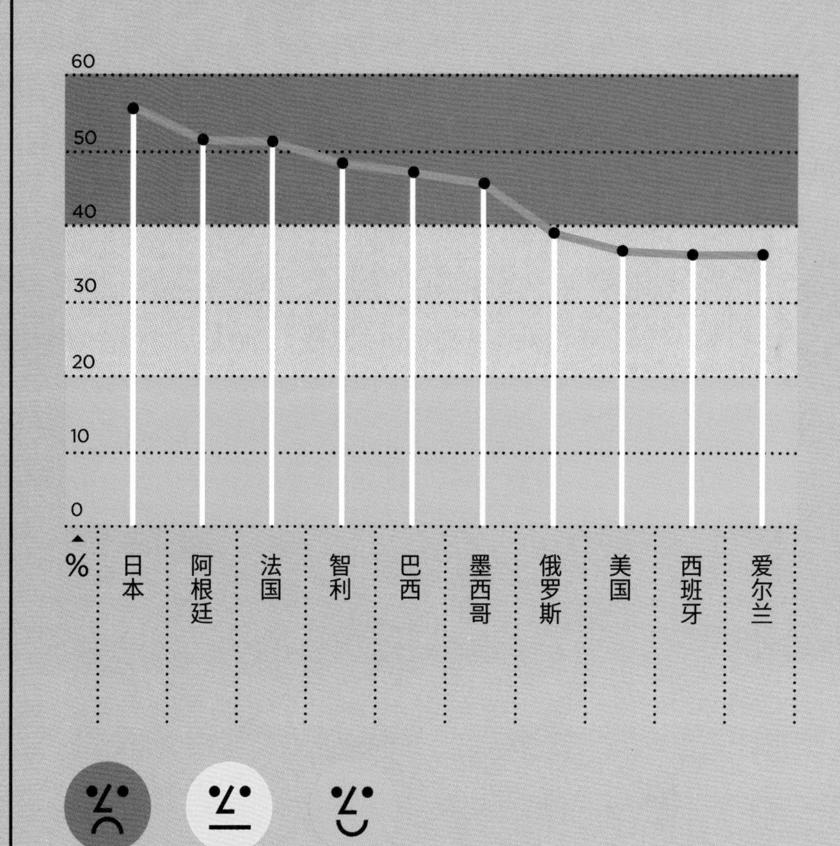

15. 互联网和社交媒体

① 父母规定的每日上网时长

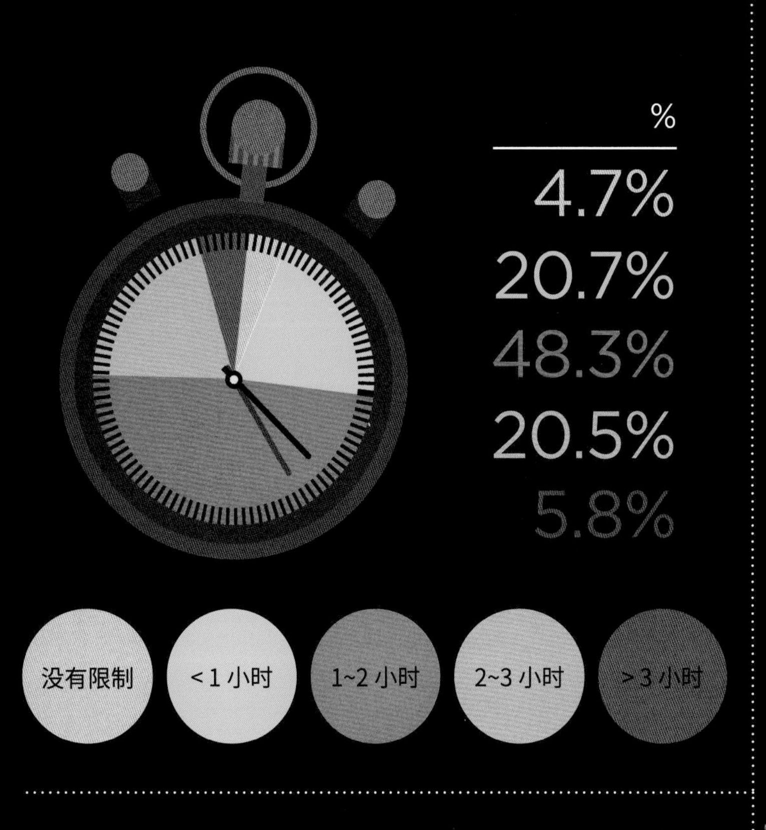

② 小朋友们每周使用电子设备的时长

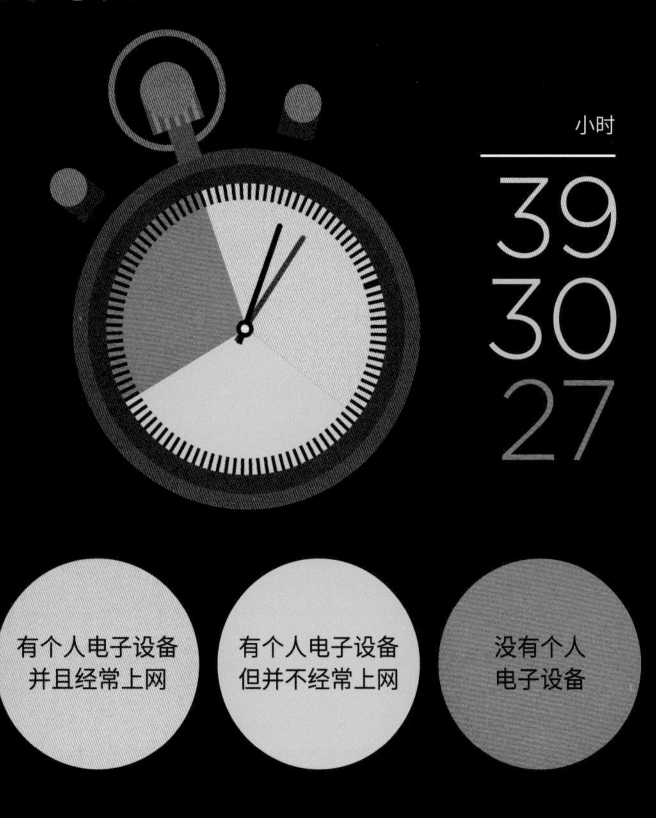

③ 小朋友们用来上网的设备

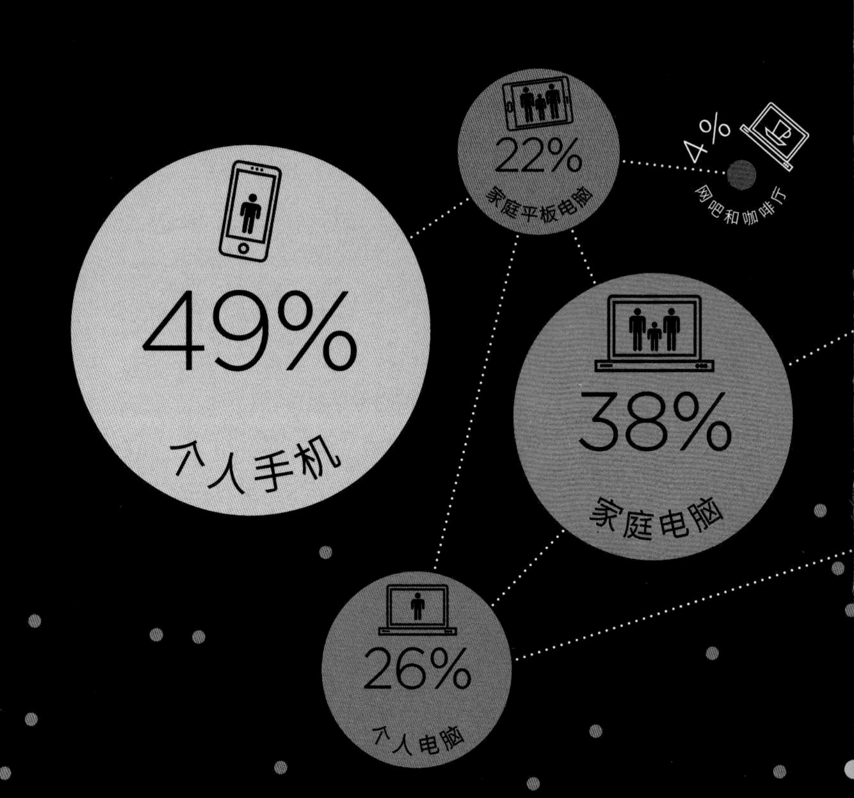

我写完作业，终于可以玩啦。
爸爸妈妈同意让我上一会儿网，在电脑前的时间总是过得飞快啊！
很快，妈妈就告诉我时间到了，该上床睡觉了。

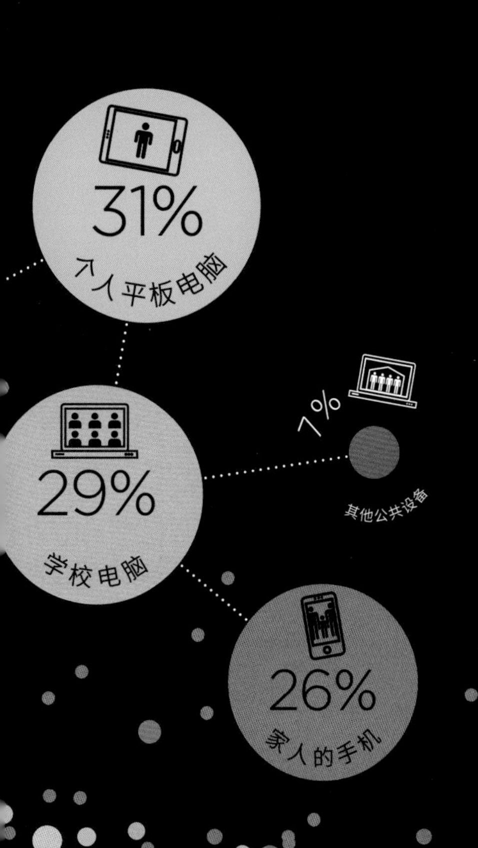

④ 小朋友们最常用的社交网络

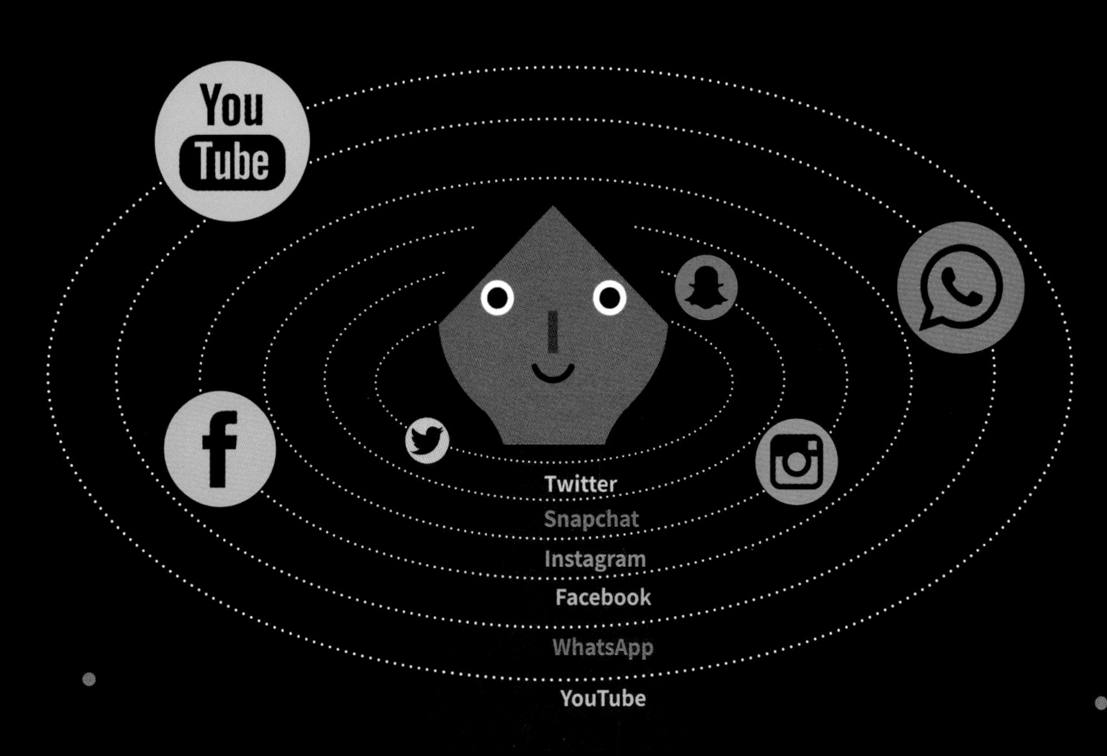

54% 45% 39% 29% 22% 13%

⑤ 各社交网络用户的年龄限制

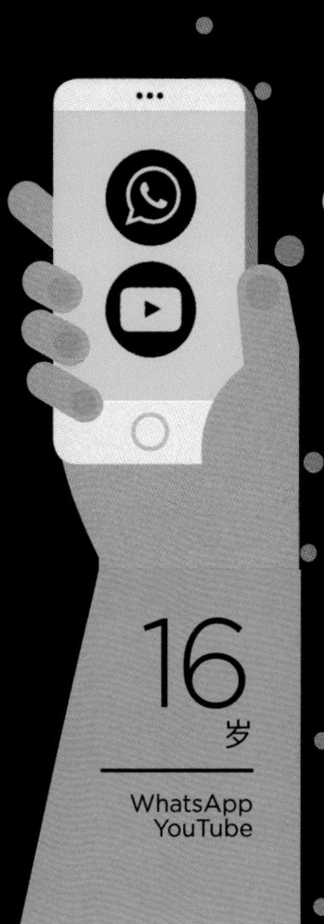

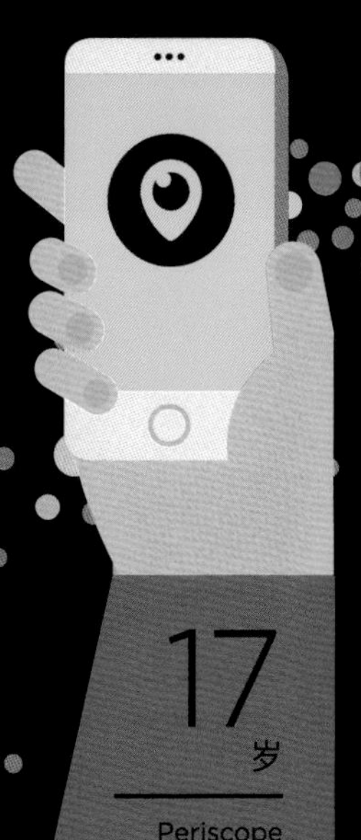

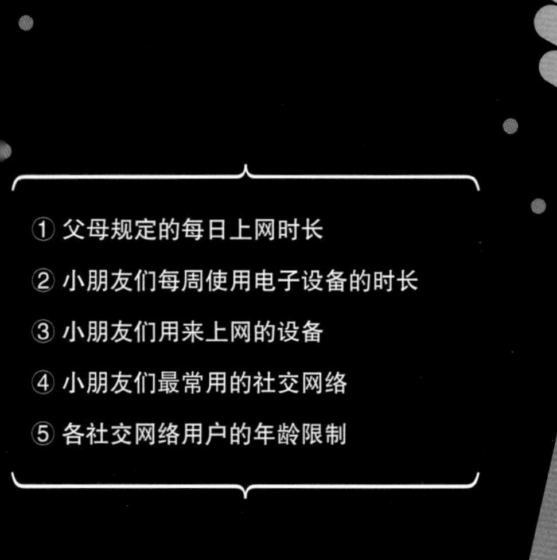

16. 阅　读

每天睡觉前，特别是周末晚上睡觉之前，
我都会花一些时间读书。
在学校里，老师也会给我们指定必读书目，
但是在家里我更喜欢读一些自己选的书，
比如“哈利·波特”系列。
有一些国家的居民的阅读习惯比其他国家的更好！

① 全世界阅读量最大的书（根据近50年印量判断）

② 各国学校指定的必读书目

③ 各国居民阅读时间

① 全世界阅读量最大的书

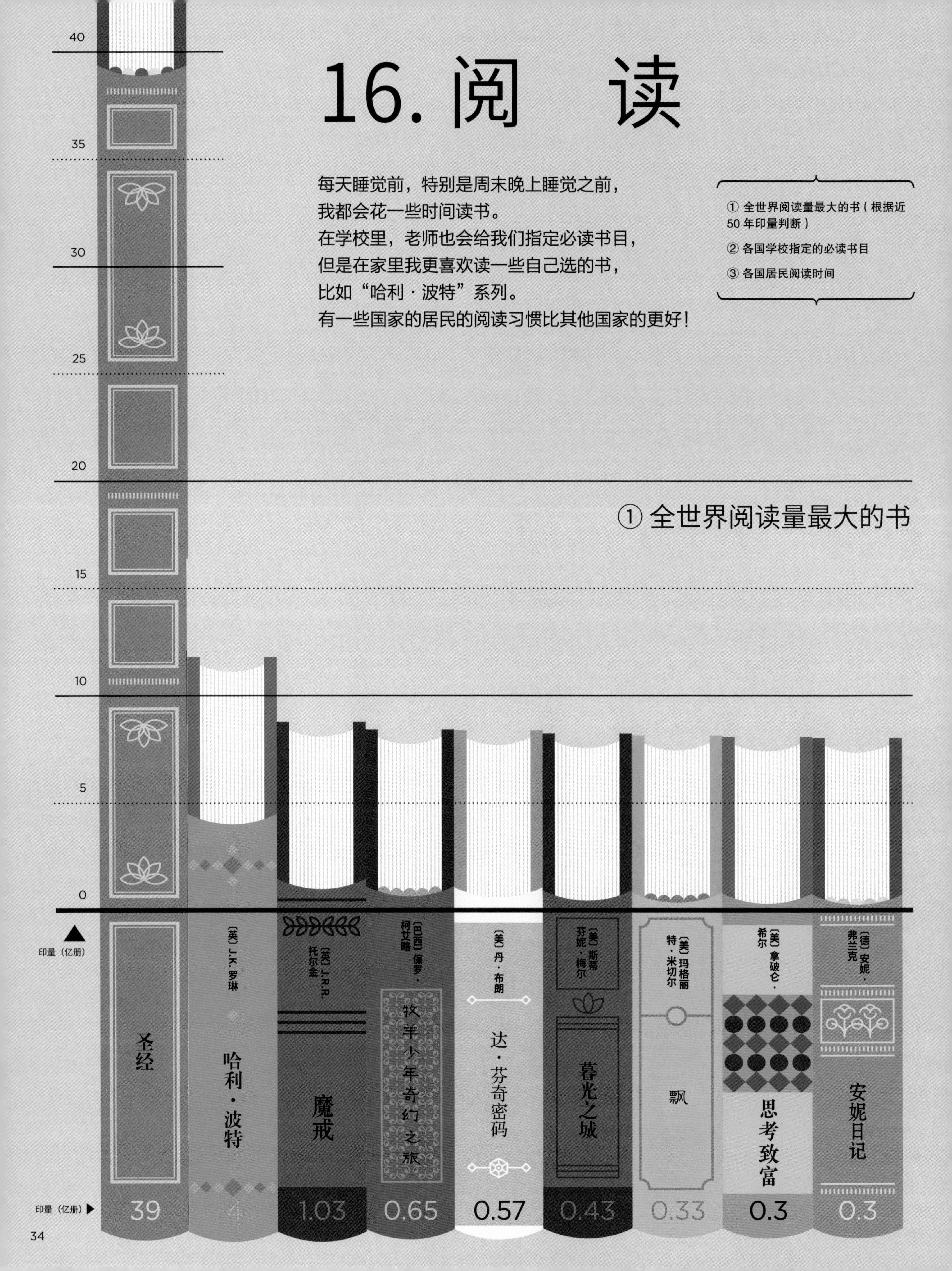

② 各国学校指定的必读书目

③ 各国居民阅读时间

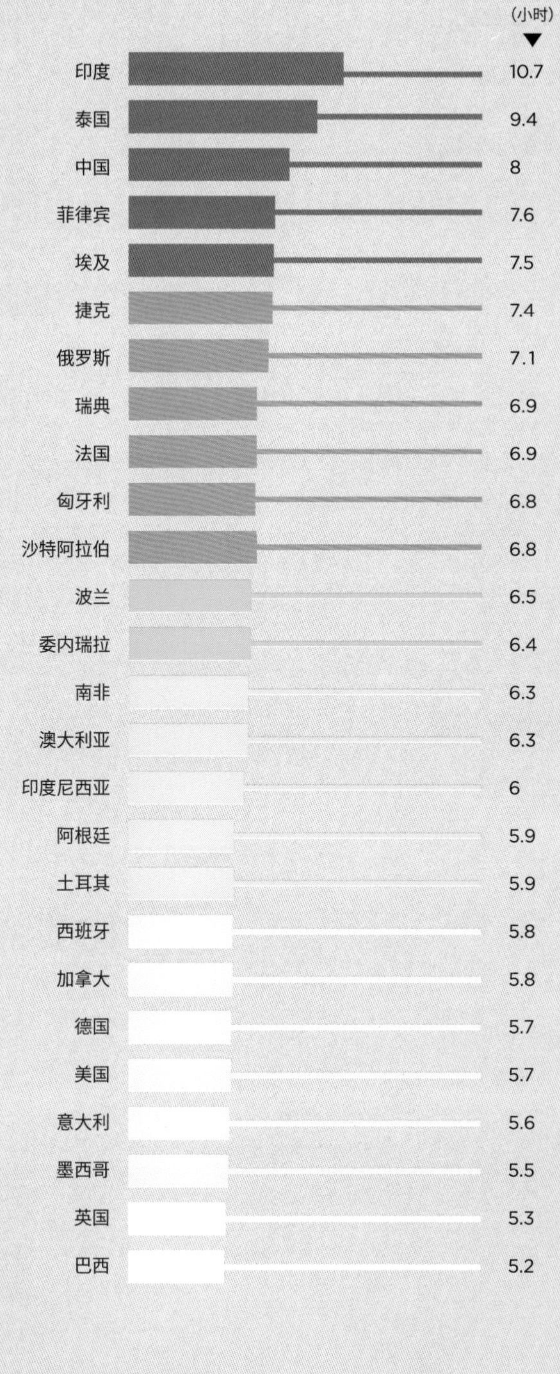

国家	阅读时间（小时）
印度	10.7
泰国	9.4
中国	8
菲律宾	7.6
埃及	7.5
捷克	7.4
俄罗斯	7.1
瑞典	6.9
法国	6.9
匈牙利	6.8
沙特阿拉伯	6.8
波兰	6.5
委内瑞拉	6.4
南非	6.3
澳大利亚	6.3
印度尼西亚	6
阿根廷	5.9
土耳其	5.9
西班牙	5.8
加拿大	5.8
德国	5.7
美国	5.7
意大利	5.6
墨西哥	5.5
英国	5.3
巴西	5.2

全世界居民平均每周看电视的时间

看电视	16.1

17. 运　动

① 世界各地观众最多的体育运动
② 全世界参与人数最多的运动

① 世界各地观众最多的体育运动

足球

被认为是世界第一运动。古代足球起源于中国，现代足球起源于英国。

冰球

起源于加拿大，也称“冰上曲棍球”，是将滑冰和曲棍球相结合的运动。

美式橄榄球

起源于英式橄榄球，是美国最流行的运动，为北美四大职业体育之首。

棒球

在日本最普及，被称为“国球”；在美国很受欢迎，仅次于美式橄榄球；在古巴、巴拿马等中美洲国家也很流行。

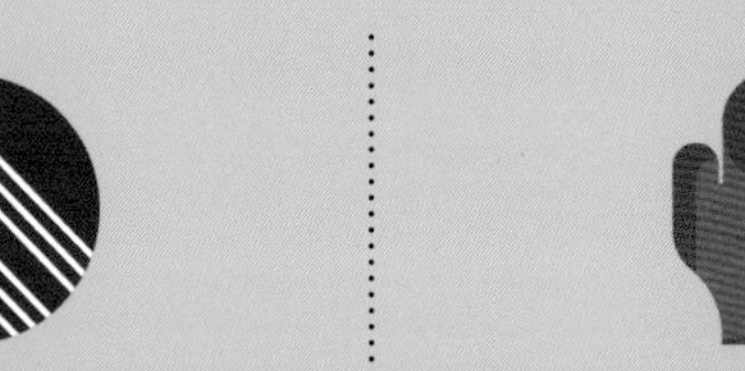

板球

又称木球，起源于英国，盛行于巴基斯坦、印度、孟加拉国等国家。

格斗和拳击

拳击被称为“勇敢者的运动”，在蒙古很流行。

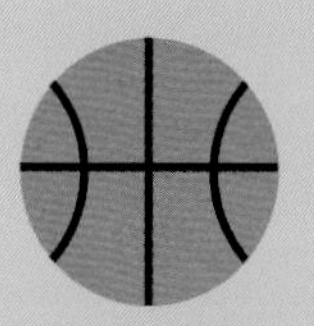

篮球

篮球起源于美国，之后传入墨西哥、法国、英国、中国等国家，在世界范围内迅速发展。

澳式橄榄球

又称为澳式足球，是一种源自于澳大利亚的球类运动。

平日在学校里和周末在家里我都会做运动。
我最喜欢的运动是游泳。
每个国家都有本国最流行的体育运动。
在西班牙和其他许多国家，
最受欢迎的运动是足球。

② 全世界参与人数最多的运动

橄榄球

盛行于新西兰、澳大利亚、英国、美国等国家，因球形似橄榄，在中国被称为橄榄球。

盖尔式足球

主要流行于爱尔兰，爱尔兰最大的运动组织——盖尔运动协会就是以这项运动命名的。

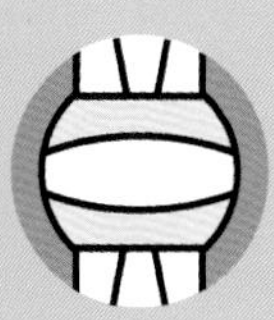

排球

起源于美国，现已普及至全球各地，是一种男女老少都适宜的运动，柬埔寨人很喜欢玩。

18. 儿童游戏

1 蒂尼飞
摩洛哥

两队各五名小朋友，分别站在正方形的四个角，轮流扔出长棍，看谁能击倒码放在正方形中央的石堆。

2 卡巴迪
孟加拉国 / 印度

两队各七名小朋友，分别站在场地两部分。一队先派出一名“进攻者”唱着“卡巴迪、卡巴迪、卡巴迪”的歌进入对方“领土”。“进攻者”触碰到对方一名队员（表示“消灭他”），并且在返回己方“领土”时没有被对方抓到，就得一分；如果被抓到了，对方得分。防守方队员的任务是包围并抓住“进攻者”。

3 鬼抓人
英国

通常是一名小朋友去抓其他小朋友。被抓到的小朋友出局或者也变成抓人者，直到其余所有小朋友都被抓到。

7 数到十
尼日利亚

这是一个节奏配合游戏，两名小朋友相对而站，跟着节奏伸手和抬腿。要注意左右腿不能抬错，如果错了，对手得分。

8 跳房子
西班牙

小朋友们用白粉笔在地面上画一个由九个格子组成的城堡，在其中写上数字 1~8，第九格是“天堂”。先将小石头扔到写有 1 的格子，从这格开始，按 1~8 的顺序跳到“天堂”，然后返回，返回时捡起石头。跳完所有格子就算成功。

9 大海和小蛇
墨西哥

两名小朋友面对面站立，拉住双手形成“桥”。其他小朋友排成一队，唱着歌，跟着节奏，从“桥”下面穿过。当小朋友暂停唱歌的时候，正好在“桥”下面的小朋友就算被抓住了，要退出游戏。

10 跑，跑，小鸡（丢手绢）
智利

小朋友们围坐成一圈，其中一名手持手绢在外面绕圈走。大家都不许回头看，还要一起唱：“快快跑，快快跑，小鸡你要快快跑。不许看，不许看，看了就要敲脑袋！”走着的小朋友要趁别人不注意，把手绢悄悄丢在一名小朋友身后。如果这名小朋友没有在丢手绢的小朋友回到原位前察觉并起身追赶上丢手绢的小朋友，那么他就输了。

15 捉迷藏
法国

这是一个古老却仍旧流行的游戏。一名小朋友闭住眼睛，从 1 数到 100，同时其他小朋友找地方躲藏。当他数完 100，睁开眼睛，第一名被找到的小朋友要在下一轮当找人者，最后一名被找到的小朋友获胜。

16 派利罗
加纳

一名小朋友找一些小棍子和小石块秘密藏起来，大家都不许看。当藏好了东西，他要喊一声“派利罗”，其他小朋友就开始寻找。找到东西越快、越多的小朋友则得分越高。

17 老鹰捉小鸡
中国

小朋友们排成一队，后面的人双手搭在前面人的肩膀上，队伍排头的小朋友是“母鸡”，他后面的是“小鸡”。另选一名小朋友当“老鹰”，“母鸡”要护着“小鸡”防止被“老鹰”捉到，被“老鹰”捉到的“小鸡”就出局。

周末时，我喜欢和小朋友们一起在公园里玩游戏，
有些游戏已经流传很多很多年了，我们的爸爸妈妈小时候就这么玩。
还有些游戏，我们在玩的过程中改进了它们。
每个国家的小朋友都有自己的游戏，有许多都是类似的，只是玩的形式有差别或者叫法不一样。

4 躲球
美国

这个游戏有多个版本。通常情况下分为两队，每队有六名小朋友和三个球。游戏的规则是：若球击中对方队员，对方队员下场；若球被对方队员接住，则自己下场；最后场上还有队员的那队获胜。

5 扣扣捉人
印度

游戏分两队，每队十二名小朋友。一队先派三名队员进入场地。另一队全部进入场地，蹲下，先派一名队员抓对方的三名队员，其他队员接力。抓到三名队员后，两队轮换。抓到对方三名队员用时最短的那队获胜。

6 踩影子
爱尔兰

小朋友要努力踩到其他小朋友的影子，如果踩到了就算抓住对方，换对方追赶、踩影子。小技巧：如果你被追赶，可以跑到光线昏暗没有影子的地方，这样你就安全了！

11 雕塑人
希腊

一名小朋友蒙住双眼站在场地中央并开始数数，其他小朋友围着他跑，当他突然大喊一声“雕塑人”时，其他小朋友必须站住不动，好像雕塑一样。如果谁动了，就算被抓住了，就要站在场地中央数数。

12 拉网
日本

通常是一名小朋友追赶其他人，只要抓到另一名小朋友，就拉着他的手，一起追赶下一名小朋友。直到所有的人都被抓住、连成一队的时候，游戏结束。

13 冰块
澳大利亚

每队三四名小朋友，分一块冰块，在最短的时间里用手掌把冰块融化的队就算获胜。

14 盯梢
波兰

这是一个适合在户外，特别是在树林里玩的游戏。小朋友们分为两队：一队在森林里躲藏，留下一些线索，比如小纸片、小树棍、字母或者符号；另一队通过线索来找他们。

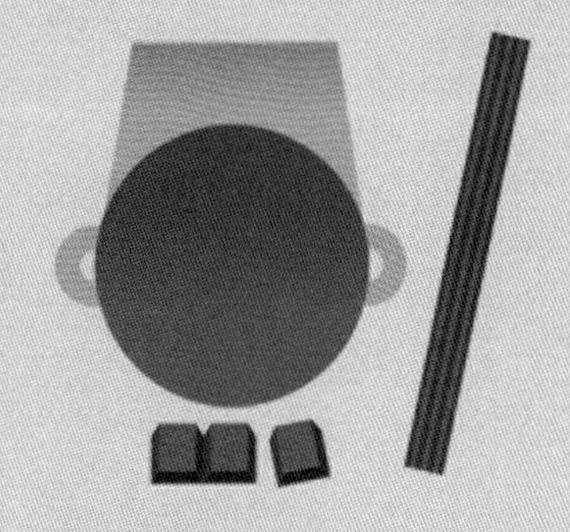

18 章鱼
意大利

一名小朋友当“章鱼”，只能站在原地挥动手臂。其他小朋友站在离他大约二十步远处。游戏开始以后，大家都跑向“章鱼”，但要避免被“章鱼”抓住。如果“章鱼”抓到一名小朋友，被抓到的就变成“章鱼宝宝”，他也只能原地挥动手臂抓其他人。当所有小朋友都被“章鱼”抓住，第一名被抓住的小朋友当下一轮的“章鱼”。

19 蒙眼寻宝
德国

先在房间里藏起一锅热巧克力，一名小朋友蒙住双眼，手里拿一把长柄勺子，像猫咪一样爬行前进，找那口锅。如果能找到，他就可以享用锅里的热巧克力啦！

20 找戒指
俄罗斯

几名小朋友们手拉着手坐成一排，还有一名小朋友手里握一枚戒指，把拿戒指的手依次放到坐着的小朋友两只拉住的手中间，并把戒指放到其中两名小朋友的手心里。之后小朋友们要猜，戒指到底藏在谁的手里！

19. 放暑假啦！

终于放暑假啦！在西班牙，我们的暑假很长，
有 11 周，而有些国家的学生们的暑假只有几周而已。
每年 8 月，爸爸妈妈也有假期，如果条件允许，我们就会去旅行。
我的爷爷奶奶告诉我，他们年轻的时候，
可没有现在这么好的机会出去旅行。

① 各国学生的暑假时长

② 自 1990 年起各国每年出国旅游人次

③ 每年接待外国游客最多的国家

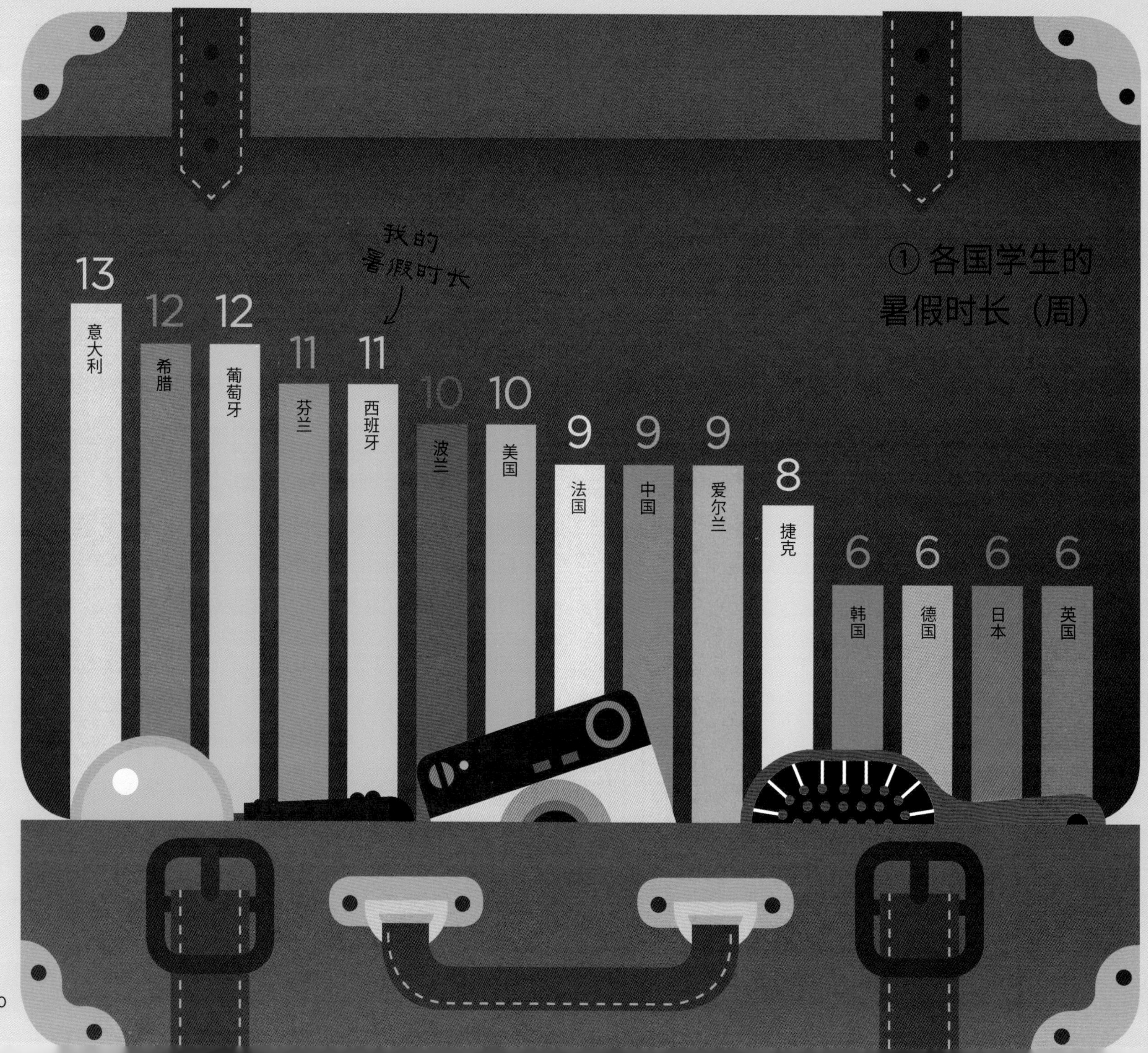

② 自 1990 年起
各国每年出国旅游人次
1990 年
4.35
亿
2000 年
6.74
亿
2010 年
9.43
亿
2016 年
12.35
亿
③ 每年接待外国游客最多的国家（人次）
欧洲
北美洲
亚洲
泰国
3260
万
墨西哥
3500
万
德国
3560
万
英国
3580
万
意大利
5240
万
法国
8260
万
美国
7560
万
西班牙
7560
万
中国
5930
万

20. 游客最多的城市

① 全世界每年游客最多的城市（至少停留 24 小时）

② 全世界每年参观者最多的博物馆

① 全世界每年游客最多的城市（人次）

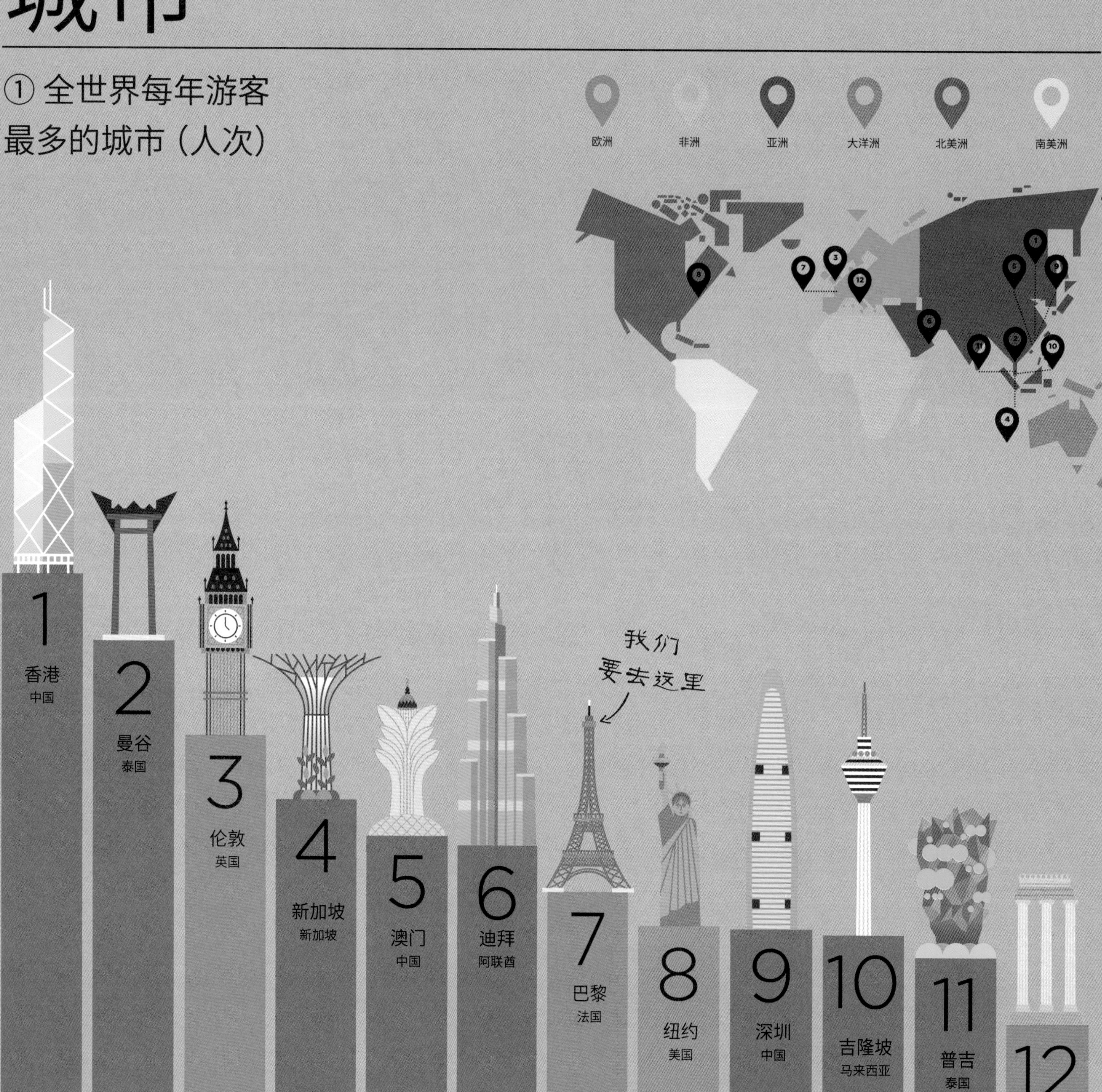

我们全家商量假期去哪里旅游，我弟弟想去开罗参观金字塔，
妈妈和我想去巴黎，而爸爸拿不定主意。
最后，弟弟同意跟我们一起去巴黎参观卢浮宫，
在这里还能看到拉美西斯二世的巨大雕像。你知道吗？
选择去巴黎旅游的游客非常多，而卢浮宫是全世界参观者最多的博物馆！

② 全世界每年参观者最多的博物馆（人次）

= 100 万人

1 卢浮宫
巴黎，法国
810万

2 中国国家博物馆
北京，中国
806万

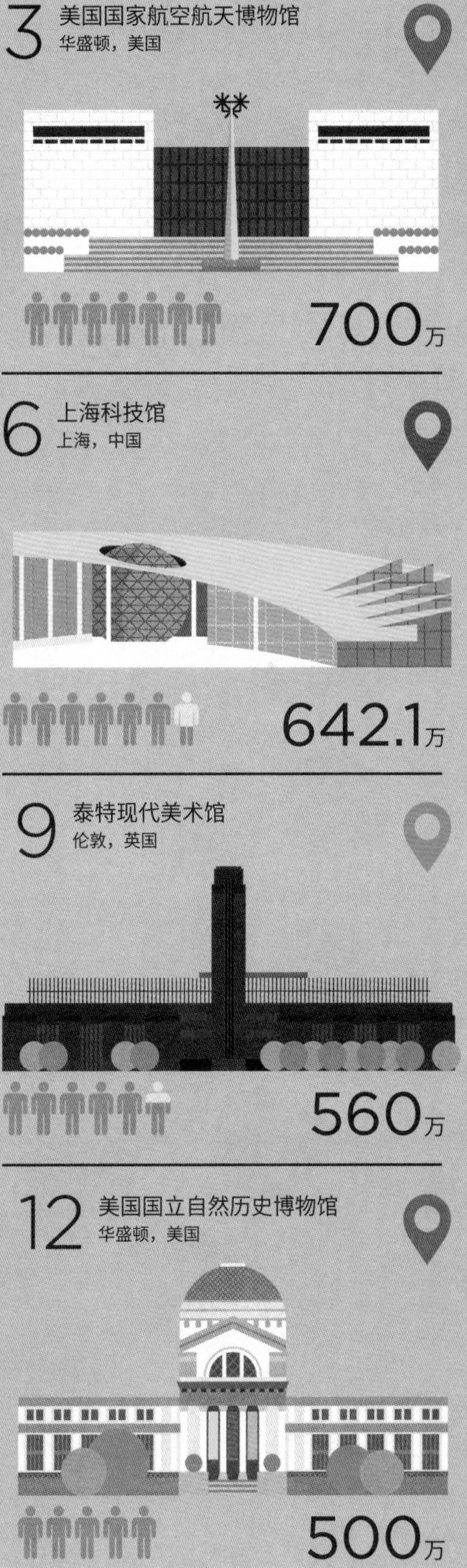

3 美国国家航空航天博物馆
华盛顿，美国
700万

4 大都会艺术博物馆
纽约，美国
700万

5 梵蒂冈博物馆
梵蒂冈城，梵蒂冈
642.7万

6 上海科技馆
上海，中国
642.1万

7 美国自然历史博物馆
纽约，美国
600万

8 大英博物馆
伦敦，英国
590万

9 泰特现代美术馆
伦敦，英国
560万

10 美国国家艺术馆
华盛顿，美国
523万

11 英国国家美术馆
伦敦，英国
522万

12 美国国立自然历史博物馆
华盛顿，美国
500万

21. 旅行中的交流方式

① 用 23 种语言表达“你好”和“谢谢”

② 不同国家的手势语

① 用 23 种语言表达“你好”和“谢谢”

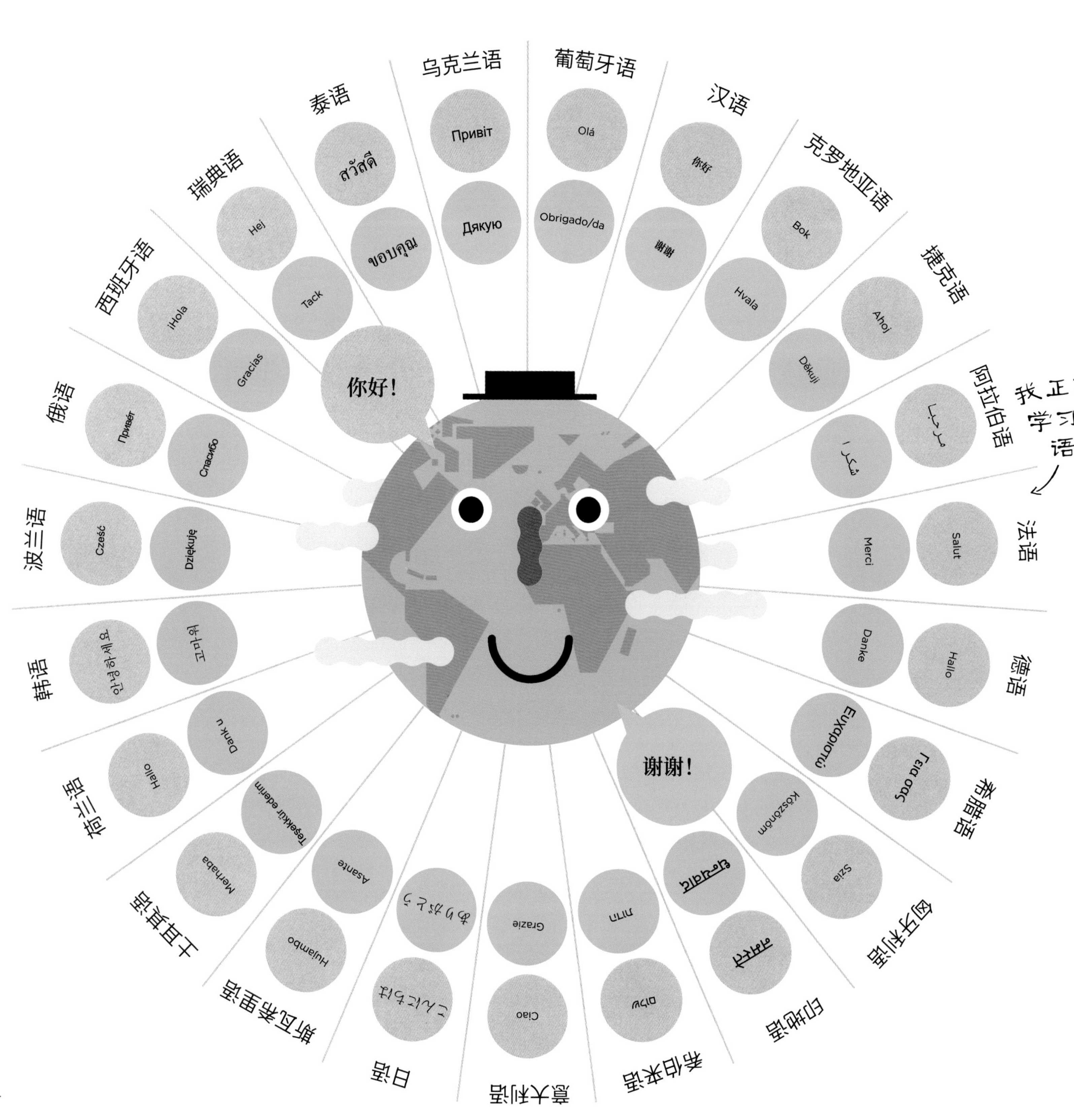

在巴黎，人们说的是法语，我们打算学一些法语日常用语，
至少在旅游的时候可以用法语问好、求助和表示感谢。
另外，语言不通的时候，用手势表达意思也很有用哦！

② 不同国家的手势语

法国

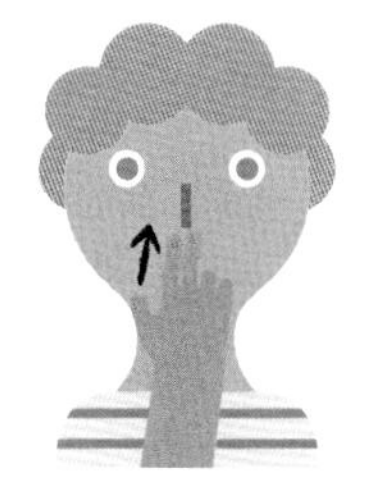

两根手指指向鼻孔：
这很容易！
小菜一碟！

用食指触摸眼睛下方：
我不相信你！

手指竖起并拢，
掌心朝上：
我很害怕！

日本

用食指点鼻子：
我。

两根手指竖起朝外呈 v 字形：
我很开心！（拍照剪刀手）

双臂交叉与身体保持一定距离：
禁止或不允许！

中国

两人小指拉勾：
说定了！

手掌放在胸口处：
我承诺！

食指刮脸颊：
你羞不羞啊！

巴西

手背轻触下巴：
不可能！一定是谣言！

手掌向上，拇指和食指反复分开、合拢：满啦！客满啦！

两只手的手背交替碰触：
我不感兴趣！我不在乎！

加纳

用手指挠另一只手的掌心：
给钱！

手掌向下扇动：过来，这里！

手掌放在肚子上，再抬起来：
我很满意。

俄罗斯

食指划过颈部：
我们去喝点儿东西吧！

手从头后绕过摸另一侧的耳朵：
这事比较复杂。

大拇指划过喉咙：
我吃饱啦！

美国和英国

大拇指和食指比个圈，
其余指头竖起来：我同意！

食指和中指向上并交叉：
祝好运！

两名小朋友互碰拳头：
你好啊！朋友！

墨西哥

手指向上，掌心向内：
谢谢！

双手手指向上并拢，上下晃动：
太多了！

前臂竖起，手肘碰撞另一只手的手掌：真小气！

西班牙

手指不停分开、合拢：
这儿太拥挤了！

两只手臂在腰部上下摆动：
过来，过来，快点儿啊！

食指和中指沿着鼻子两侧向下划：我没钱了。

意大利

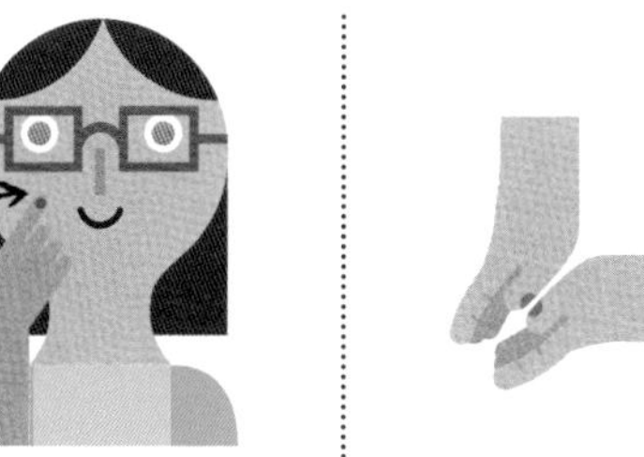

手指按住脸颊转圈：
真好吃！

两手合拢上下晃动：
我不相信你说的这些！

指尖先指向脖子，然后迅速向外晃动：我一点儿都不在乎！

22. 气 候

① 世界各国的年降水量
② 全世界气候极端的城市
③ 全世界年日照时间最长的城市

① 世界各国的年降水量

哥伦比亚 3240毫米
圣多美和普林西比 3200毫米
巴布亚新几内亚 3142毫米
哥斯达黎加 2926毫米
马来西亚 2875毫米

巴西 1761毫米
新西兰 1732毫米
日本 1668毫米
智利 1522毫米
英国 1220毫米
斯洛文尼亚 1162毫米
爱尔兰 1118毫米
法国 867毫米
葡萄牙 854毫米

比利时 847毫米
意大利 832毫米
斯洛伐克 824毫米
荷兰 778毫米
墨西哥 758毫米
美国 715毫米
丹麦 703毫米
德国 700毫米
捷克 677毫米
中国 645毫米
西班牙 636毫米
波兰 600毫米
土耳其 593毫米

阿根廷 591毫米
匈牙利 589毫米
乌克兰 565毫米
俄罗斯 460毫米
以色列 435毫米
蒙古 241毫米
伊朗 228毫米
突尼斯 207毫米
卡塔尔 74毫米
沙特阿拉伯 59毫米
利比亚 56毫米
埃及 51毫米

② 全世界气候极端的城市

最冷的城市
雅库茨克
俄罗斯

温度计显示的温度通常在 -40°C以下，史上最低气温是 -64.4°C。

最热的城市
科威特城
科威特

年平均气温是 34.3°C，夏季最高气温为 45~47°C。

爸爸说去巴黎旅游一定要带雨衣，因为那里经常下雨。
但巴黎并不是世界上降雨最多的地方，相比很多常年下雨的热带国家，
巴黎的日照时间还算比较长的。爸爸还告诉我，世界上有很多气候极端的地方，
比如有的地方非常冷，有的地方非常热，还有的地方总是刮大风。

③ 全世界年日照时间最长的城市

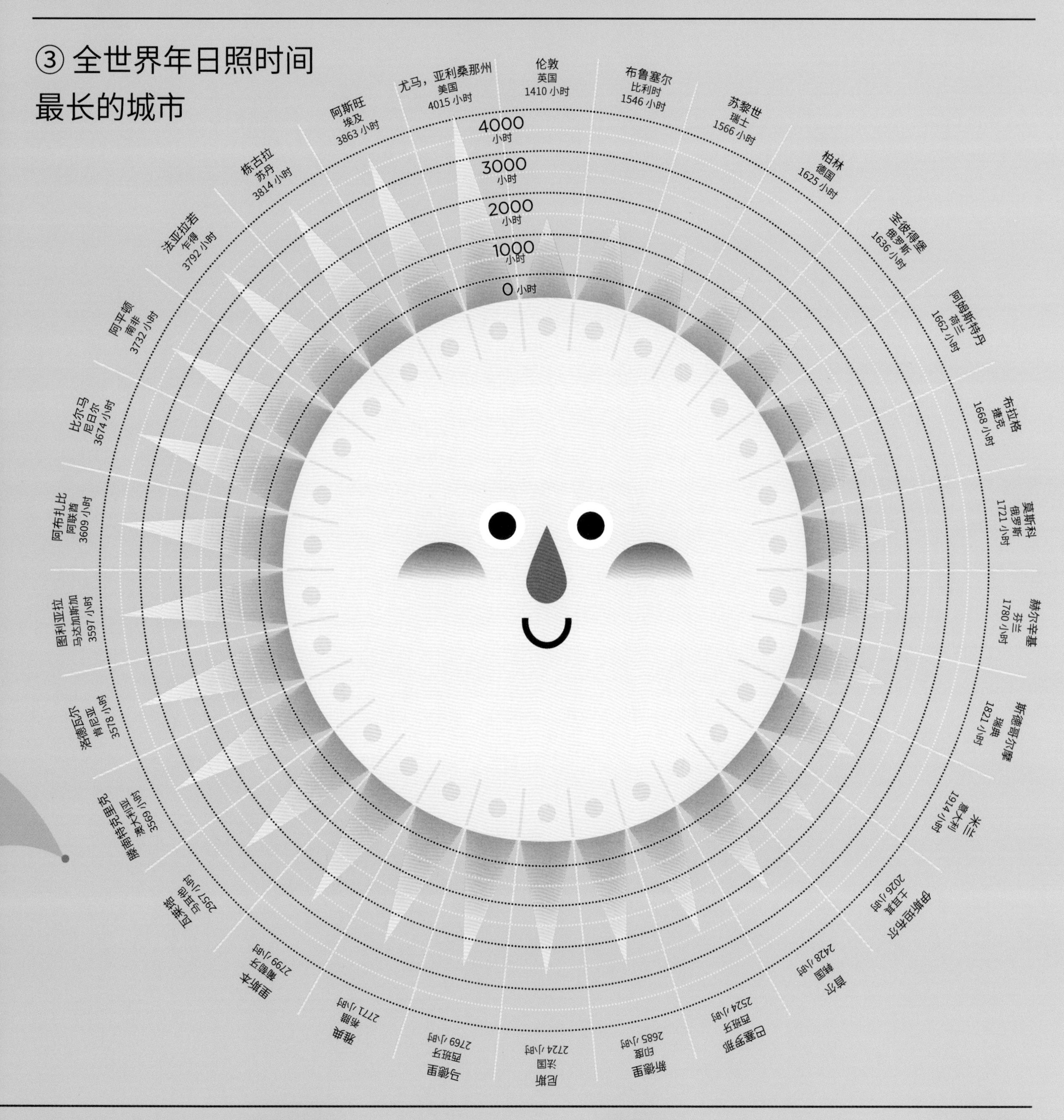

最干燥的城市
阿斯旺
埃及

年降水量小于 1 毫米。这里不下雨，却有尼罗河！

最潮湿的城市
布埃纳文图拉
哥伦比亚

年降水量大于 6257.6 毫米。

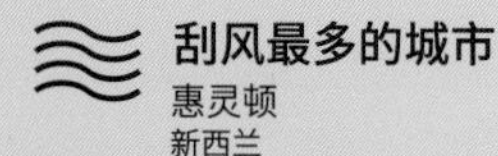

刮风最多的城市
惠灵顿
新西兰

每年平均有 22 天的风速大于 74 千米 / 时（9 级大风），173 天的风速大于 59 千米 / 时（7~8 级大风）。

23. 游乐园

① 全世界游客最多的游乐园

② 全世界游客最多的水上乐园

① 全世界游客最多的游乐园

我弟弟说他想去游乐园玩一天。
我也喜欢去游乐园，尤其是水上乐园。
全世界有许多水上乐园，有的水上乐园有着巨大的游泳池和水滑梯，你都知道哪些？

② 全世界游客最多的水上乐园

24. 厨房里的香气

① 使用频率不高、但为各种菜肴带来独特风味的配料（按使用频率统计）

② 使用频率很高、各种菜肴中最常见的配料（按使用频率统计）

① 使用频率不高、但为各种菜肴带来独特风味的配料

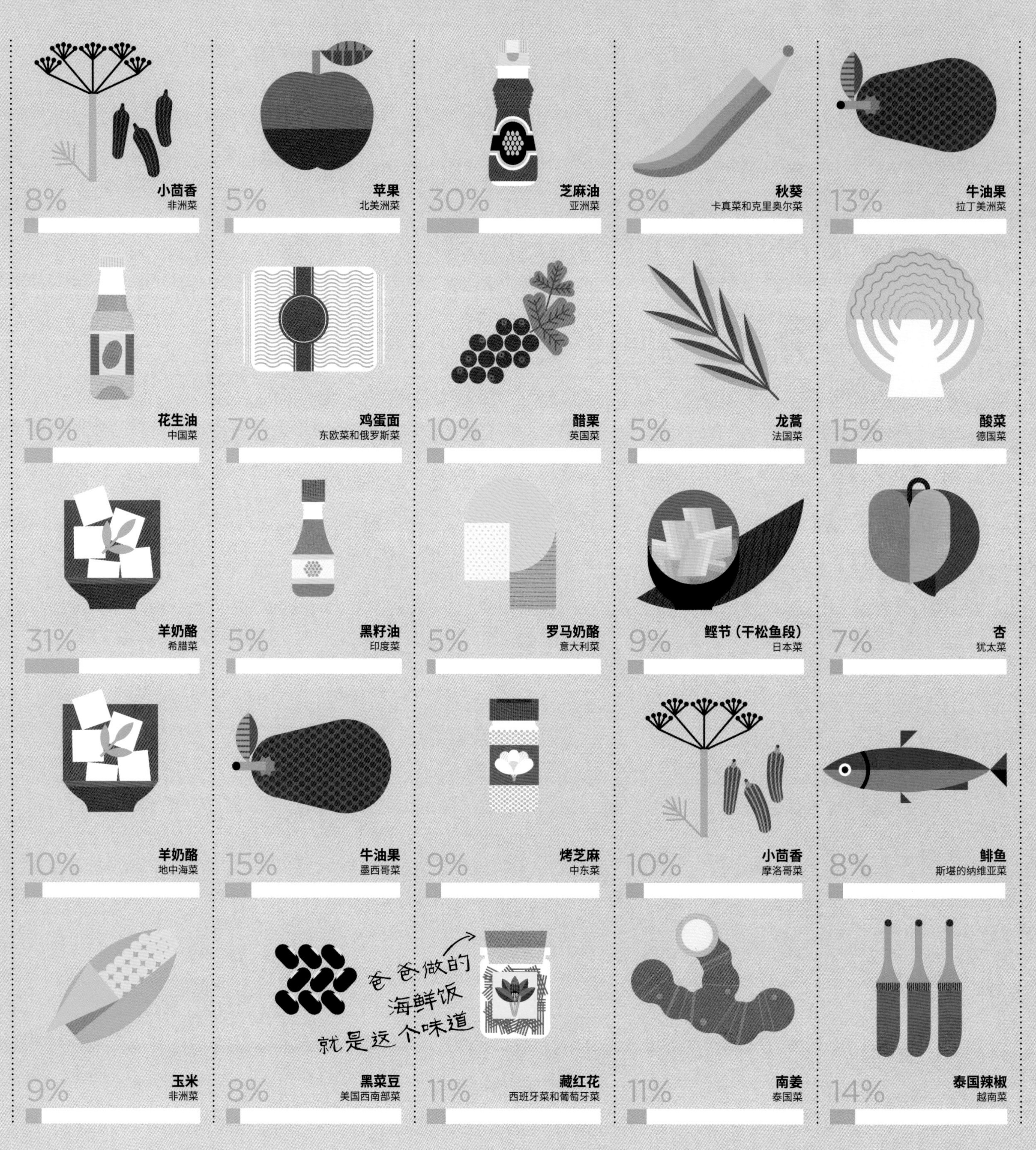

度假结束，我们回家啦。旅行很有意思，但是返回自己的家也让人很开心。
在远离祖国的时候，我总感觉少了些什么，那就是家里饭菜的香气，
特别是爷爷做的炖菜的香味！各个国家和各种文化都有自己的特色美食，
这些美食的用料、做法和味道都是独一无二的！

② 使用频率很高、各种菜肴中最常见的配料

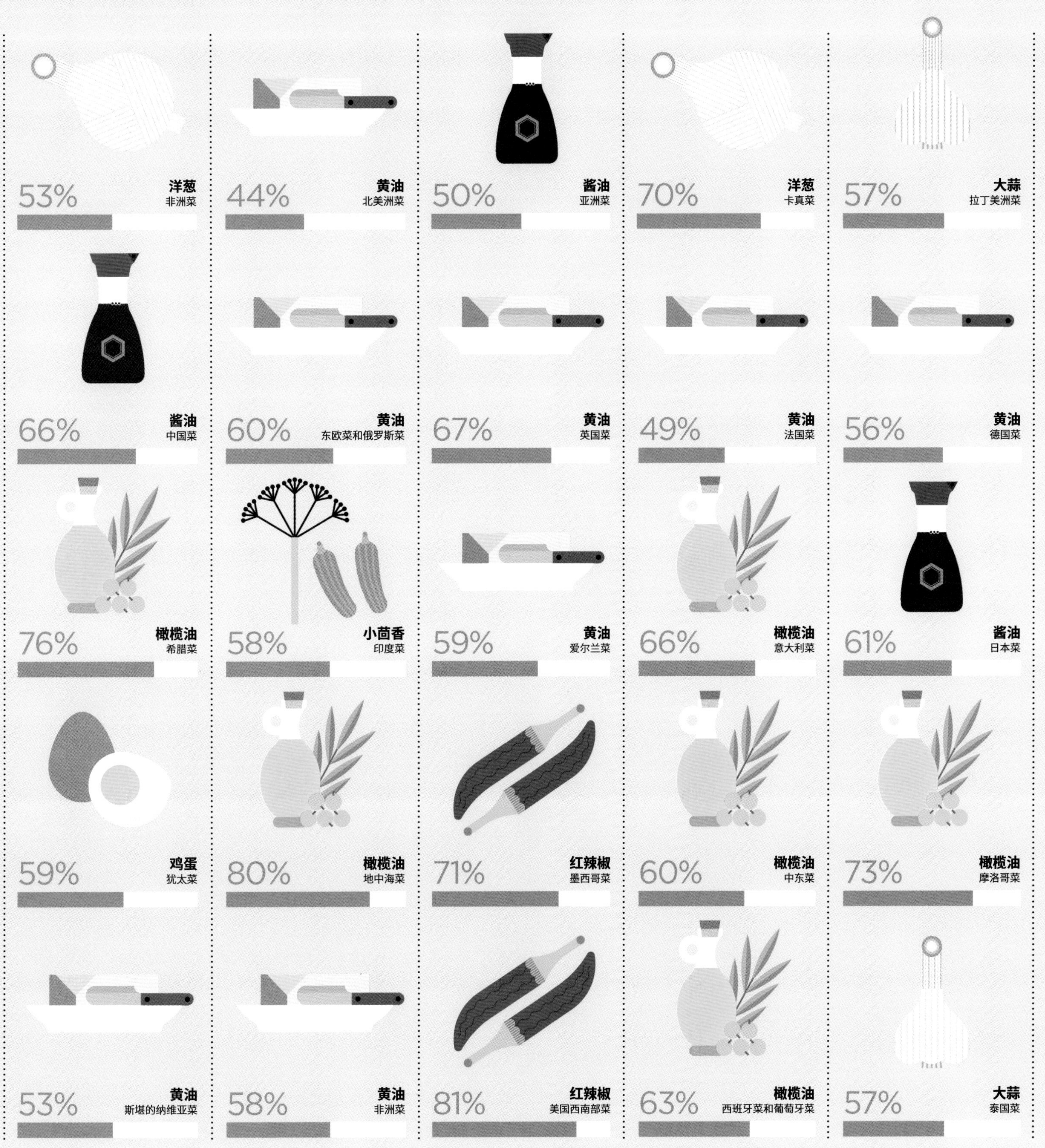

25. 过生日

我的生日是 9 月 7 日，妈妈准备了我最喜欢的美食，
并邀请小伙伴来参加我的生日聚会。我的生日恰好在开学时，
大家都度假回来了，所以都能参加我的生日聚会啦！
我们一起玩游戏，吹蜡烛，特别开心。
今天我 8 岁啦！你知道吗？全世界的人生日最集中的月份就是 9 月！

① 各国每个月出生人口

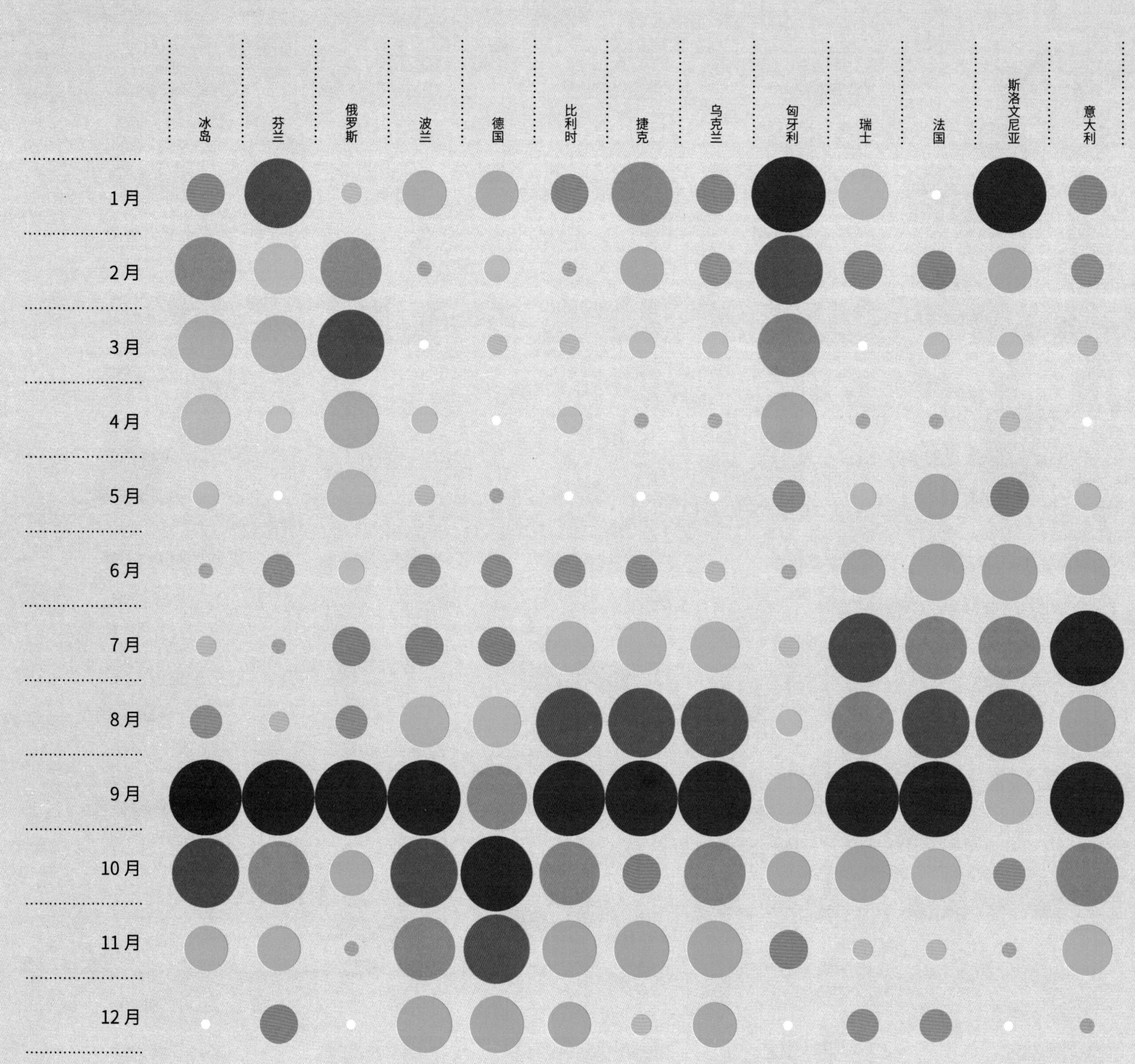

① 各国每个月出生人口
② 一年间发生了什么？

② 一年间发生了什么？

时间过去了
3153.6 万
秒

你的心脏搏动了
约**3700 万**
次

地球围绕太阳运行了
9.4 亿
千米

你的头发长长了
约**12** 厘米，
指甲长长了
约**4** 厘米

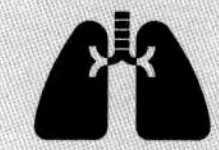
你呼吸了
约**850 万**
次

出生人数最多 出生人数最少

西班牙 葡萄牙 希腊 土耳其 美国 日本 韩国 以色列 埃及 墨西哥 中国 哥斯达黎加 澳大利亚 智利 新西兰

我出生在这个月

26. 世界各地的圣诞节

圣诞节即将到来，
这是一年中我最开心的时刻。
我喜欢唱圣诞颂歌，
喜欢和家人互送礼物，
喜欢吃节日特有的甜点。
但并非世界上所有的国家
都过圣诞节。

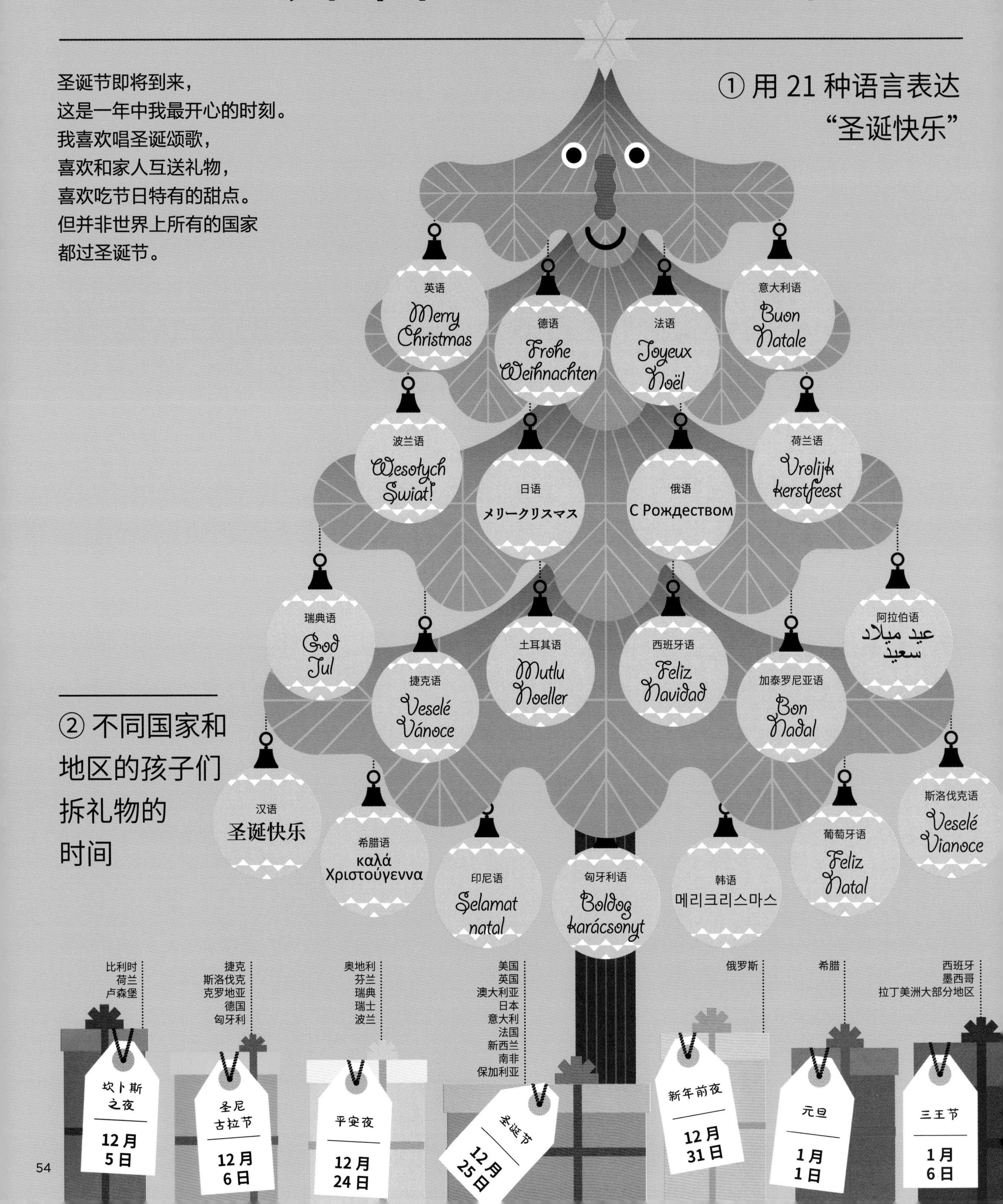

① 用 21 种语言表达“圣诞快乐”

② 不同国家和地区的孩子们拆礼物的时间

③ 各国有趣的圣诞节习俗

④ 各国的圣诞节特色甜品

③ 各国有趣的圣诞节习俗

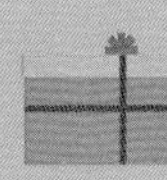

英国
圣诞大餐后，大家通常会玩圣诞拉炮。它是由硬纸制成的一个筒，两人各拉一头，纸筒断开时会发出小小的爆炸声，拿到大头的人获得其中的小礼物。

意大利
圣诞节时，意大利的孩子们会写文章或诗歌感谢父母在这一年来的辛苦付出。

挪威
每年平安夜，挪威人都会把所有扫把藏起来。因为在当地传说中，巫婆和魔鬼会在平安夜出没，而巫婆行走江湖必备的就是扫把。

澳大利亚
与传统印象中的雪中圣诞节氛围不同，澳大利亚的圣诞节时值盛夏，人们通常在平安夜吃冷餐。

④ 各国的圣诞节特色甜品

* 罂粟籽在西方是一种调料，在我国使用须遵守相关法律规定。
——编者注

27. 如果全世界只有100 个人

如果我们把全世界人口设想得少一些，可以更好地理解一些大数据，比如我们假设全世界只有 100 个人……

如果全世界只有 100 个人（每一个彩色圆点代表一个人）

性别

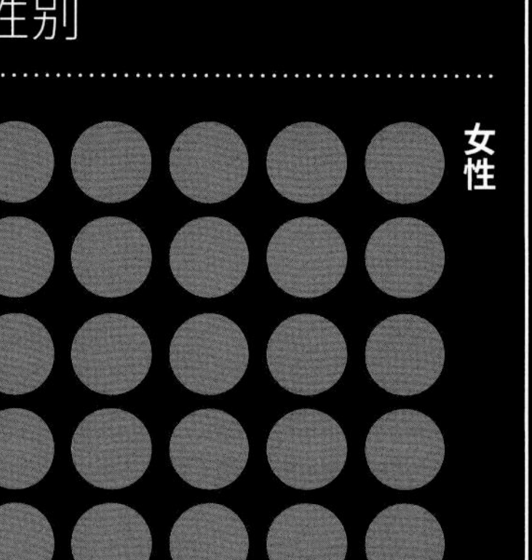

50 50

年龄

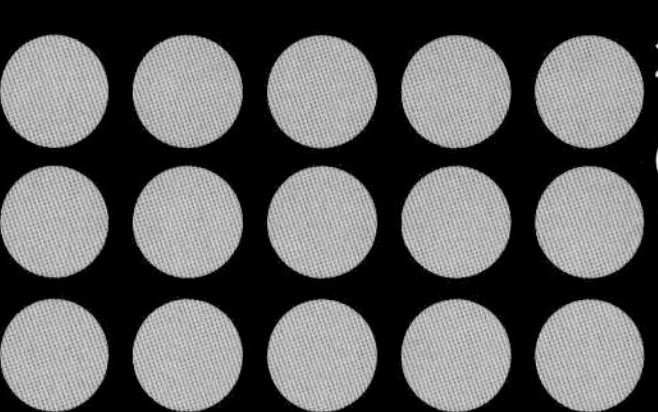

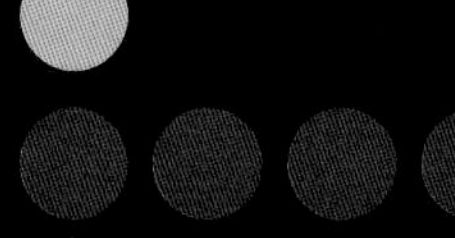

26 16 46 12

各大洲人口

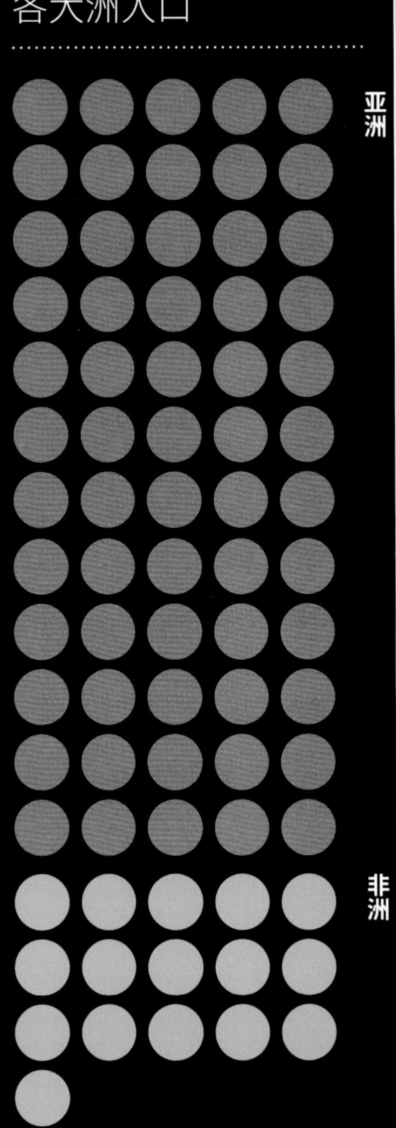

亚洲

非洲

欧洲

南美洲和大洋洲

北美洲

60 16 10 6 8

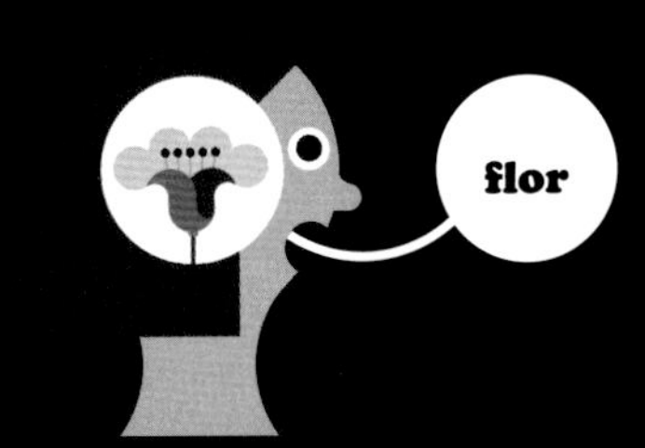

母语

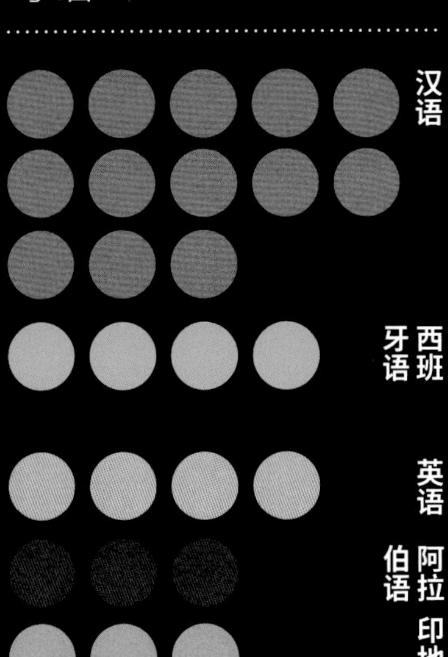

汉语

西班牙语

英语

阿拉伯语

印地语

孟加拉语

葡萄牙语

俄语

日语

旁遮普语

其他语言

13 4 4 3 3 2 2 2 1 1 65

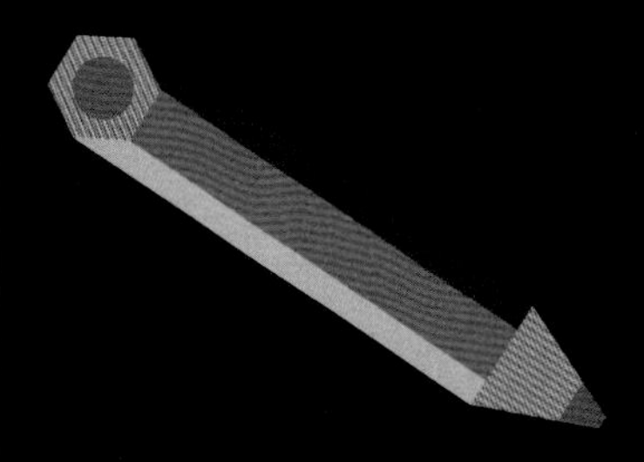

识字率

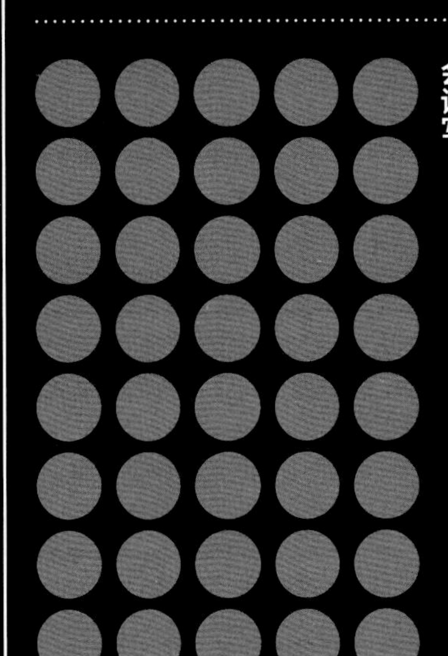

会读写

不会读写

86 14

城乡居住比

城市居民

农村居民

55 45

参考资料

（本书的创作主旨是带孩子从大数据角度认识世界，为孩子呈现一种看世界的新方式。书中选取了具有代表性的数据，但最新数据应以国内权威机构发布的为准。书中地图系原文插附地图。——编者注）

1. 常见的名字

常见的名字 最受欢迎的名字列表（新生儿名字——国家人口普查 2010~2017），维基百科，2010~2017 年最佳用名，美国社会保障管理局数据。

2. 家庭模式

①世界各地妇女平均生育子女数 各国总和生育率，美国中央情报局世界概况，2018 年。

②自 1950 年起妇女平均生育子女数 自 1950 年以来每名女性生育子女数，世界人口前景，联合国经济和社会事务部，2017 年。

③不同的家庭结构和成员 美国最常见的家庭类型，南森·尤，www.flowingdata.com，2016 年。

3. 宠物

全世界最受欢迎的宠物狗 世界各地的狗品种，国际犬类合作组织。

①全世界有宠物的家庭的比例 捷孚凯全球调查报告：宠物饲养，捷孚凯市场研究集团，2016 年。

②全世界不同种类宠物的比例 捷孚凯全球调查报告：宠物饲养，捷孚凯市场研究集团，2016 年。

③各国养不同宠物家庭的比例 全球犬类数据，世界犬业联盟，2013 年。

4. 世界人口

①世界男女比例 按年龄和性别划分的世界人口分布，世界人口前景，联合国经济和社会事务部，2017 年。

②2018 年世界人口总数及未来人口总数预测 1950~2015 年世界人口估数，世界人口前景，联合国经济和社会事务部，2017 年。

③各国人口规模 按人口分列的世界各国，worldometers.info/cn/，2018 年。

④各洲人口比例 按各洲分布的世界人口，世界人口前景，联合国经济和社会事务部，2017 年。

5. 全世界的语言

①全世界使用人数最多的语言 世界上使用最多的语言：2017 年全球人口第一语言使用估数，全球数据集（第 20 版），www.ethnologue.com，2017 年。

②联合国的 6 种工作语言 《联合国宪章》。

③作为第二语言学习人数最多的语言 作为第二语言全世界学习人数最多的语言，乌尔里希·安蒙教授，杜塞尔多夫大学，华盛顿邮报，2013 年。

6. 工作与职业

①常见的传统职业 多个信息来源。

②5 种新兴职业 6 种 10 年前不存在的工作，世界经济论坛，2016 年。

③全世界 70 多亿人在做什么工作? 70 亿人在做什么，安娜·维塔尔，数据收集于 www.cia.gov、www.census.gov 和 www.mconsortium.org。

7. 世界各地的住房

①各国每户平均住房面积 房屋有多大：全球新建家庭住房平均面积，www.shrinkthatfootprint.com，2014 年，数据来自联邦银行证券公司，联合国网，美国人口普查局网。

②世界各地的传统民居 多个信息来源。

8. 城市人口

①城市人口数量 2018 年人口达 50000 及以上的城市（表 3：按陆地面积统计的城市建成区域），世界城市人口数据，第 14 届年度人口统计，Demographia，2018 年。

②城市人口密度 2018 年人口达 50000 及以上的城市（表 4：按城市人口密度统计的城市建成区域），世界城市人口数据，第 14 届年度人口统计，Demographia，2018 年。

③1950 年全世界人口规模最大的城市 1950 年世界上最大的城市，联合国城镇化展望，联合国，2014 年。

④预计 2030 年全世界人口规模最大的城市 2030 年世界上最大的城市，联合国城镇化展望，联合国，2014 年。

9. 世界各地的早餐

世界各地的早餐 多个信息来源。

10. 城市里的交通

①全世界交通最拥堵的城市 世界交通最拥堵的城市——2017 年上班族在路上的平均拥堵时间，INRIX，2017 年。

②各国每 10 个人拥有的汽车数量 多家汽车保险公司数据。

11. 各国儿童的入学情况

①各国儿童接受小学和初中教育的小时数和年数 教育概览：公立小学和初等教育机构普通教育的必修课时间，经济合作与发展组织，2017 年。

②世界儿童入学年龄比例 全球儿童小学入学年龄，世界发展指标，世界银行，2014 年；欧洲儿童几岁入学，欧洲学校必修课开始的年龄，Statista，2017 年，数据基于欧洲教育信息网 Eurydice 和欧盟委员会。

③世界儿童入学年龄分布图 全球儿童的小学入学年龄，世界发展指标，世界银行，2014 年；欧洲儿童几岁入学，欧洲学校必修课开始的年龄，Statista，2017 年，数据基于欧洲教育信息网 Eurydice 和欧盟委员会。

④全世界失学儿童人数 2000~2016 年按性别划分的小学适龄儿童失学人口，联合国教科文组织统计研究所，2018 年。

⑤全世界年轻人所学专业比例图 年轻人在学什么，教育概览，经济合作与发展组织，2017 年。

12. 班级人数和校服

①各国小学班级平均人数 2015 年按机构类型划分的平均班级规模（公立和私立学校的平均数），教育概览，经济合作与发展组织，2017 年。

②各国学生的校服 多个信息来源。

13. 学校的午餐

学校的午餐 多个信息来源。

14. 家庭作业

①各国小学生写作业的时间 选定国家 / 地区学生每周写家庭作业的时间，经济合作与发展组织，2017 年。

②各国父母陪孩子写作业的平均时间 父母在身边：你每周花多少时间陪同你的学龄子女完成学业，经济合作与发展组织，2017 年。

③各国怕做数学作业的学生比例 “数学焦虑”的级别，国际学生评估项目报告，经济合作与发展组织，2017 年。

15. 互联网和社交媒体

①父母规定的每日上网时长 2018 年 DQ 影响报告，国际智库 DQ 研究中心，2018 年。

②小朋友们每周使用电子设备的时长 互联世界的新家庭动态，英特尔安全，2017 年。

③小朋友们用来上网的设备 2018 年 DQ 影响报告，国际智库 DQ 研究中心，2018 年。

④小朋友们最常用的社交网络 2018 年 DQ 影响报告，国际智库 DQ 研究中心，2018 年。

⑤各社交网络用户的年龄限制 社交网络的年龄限制，www.digitalmomtalk.com。

16. 阅读

①全世界阅读量最大的书 世界上阅读量最大的书籍，www.squidoo.com。

②各国学校指定的必读书目 必读：全球 28 个国家学生的阅读书目，TED 电子日报，2016 年。

③各国居民阅读时间 哪些国家 / 地区阅读量最大，每人每周阅读所花费的时间（选定国家），www.statista.com，基于 NOP 世界文化评分指数的数据。

17. 运动

①世界各地观众最多的体育运动 全球最受观众

欢迎的体育运动，www.statista.com。

②全世界参与人数最多的运动 全世界最流行的10项运动，根据204个国家奥委会的调查数据。

18. 儿童游戏

儿童游戏 多个信息来源。

19. 放暑假啦！

①各国学生的暑假时长 学校暑期：2015年小学暑期周数，www.statista.com，根据欧盟提供的信息。

②自1990年起各国每年出国旅游人次 1990~2016年入境旅游，联合国世界旅游组织旅游亮点报告，世界旅游组织，2017年。

③每年接待外国游客最多的国家 2016年国际旅游目的地，联合国世界旅游组织旅游亮点报告，世界旅游组织，2017年。

20. 游客最多的城市

①全世界每年游客最多的城市 2017年访客最多的城市（至少停留24小时），世界上访问量最大的城市，世界经济论坛。

②全世界每年参观者最多的博物馆 2017年世界上参观人数最多的博物馆，主题娱乐协会，AECOM，2018年。

21. 旅行中的交流方式

①用23种语言表达“你好”和“谢谢” 23种语言表达“你好”和“谢谢”，Livinglanguage.com。

②不同国家的手势语 世界各地的42个手势，国际手势研究学会ISGS，纽约邮报、时代周刊和美国有线电视新闻网，2016年。

22. 气候

①世界各国的年降水量 平均降水深度（毫米/年），世界银行，2014年。

②全世界气候极端的城市 多个信息来源。

③全世界年日照时间最长的城市 1290个国家和地区提供的1961~1990年的日照平均值，世界气象组织。

23. 游乐园

①全世界游客最多的游乐园 全球二十大娱乐/主题公园，主题娱乐协会，AECOM，2018年。

②全世界游客最多的水上乐园 全球二十五大水上乐园，主题娱乐协会，AECOM，2018年。

24. 厨房里的香气

①使用频率不高、但为各种菜肴带来独特风味的配料 烹饪中最独特的成分，Quarz杂志，基于美国美食菜谱门户网Epicurious上的数据。

②使用频率很高、各种菜肴中最常见的配料 最常见的食材，Quarz杂志，基于美国美食菜谱门户网Epicurious上的数据。

25. 过生日

①各国每个月出生人口 按月出生人口，人口统计数据库，联合国统计司。

②一年间发生了什么？ 多个信息来源。

26. 世界各地的圣诞节

①用21种语言表达“圣诞快乐” 多个信息来源。

②不同国家和地区的孩子们拆礼物的时间 孩子们什么时候打开他们的礼物，www.fromyoumyflowers.com和www.whychristmas.com。

③各国有趣的圣诞节习俗 盘点世界各国特色圣诞习俗，world.chinadaily.com.cn。

④各国的圣诞节特色甜品 圣诞节一览，世界各地的圣诞蛋糕，www.taxi2airport.com。

27. 如果全世界只有100个人

如果全世界只有100个人 世界肖像。

性别，年龄 世界人口前景，世界银行基于年龄/性别的分布研究，联合国经济和社会事务部，2017年。

各大洲人口 世界人口前景，联合国经济和社会事务部，2017年。

母语 民族志，全球数据集（第20版），www.ethnologue.com，2017年。

识字率 成人识字率（15岁及以上人口所占的百分比），统计研究所，联合国教科文组织。

城乡居住比 城市发展，世界银行，2017年。

著作权合同登记号　图字：01-2019-5637

审图号：GS（2020）5077 号

图书在版编目（CIP）数据

我和世界：用大数据带孩子秒懂世界 /（西）米雷娅·特留齐著；（西）华纳·卡萨尔斯绘；吴荷佳译. —北京：北京科学技术出版社，2021.1（2021.7重印）
ISBN 978-7-5714-0814-5

I. ①我… II. ①米… ②华… ③吴… III. ①数据处理－应用－儿童读物 IV. ① TP274-49

中国版本图书馆 CIP 数据核字（2020）第 034511 号

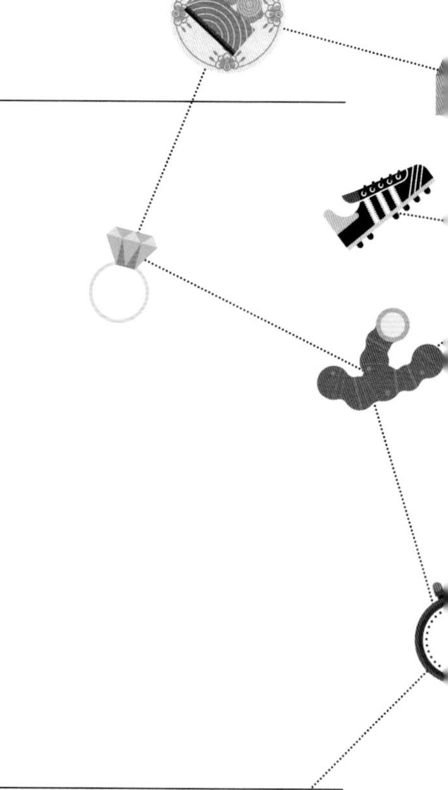

策划编辑：李心悦
责任编辑：张　芳
责任印制：李　茗
图文制作：天露霖
出 版 人：曾庆宇
出版发行：北京科学技术出版社
社　　址：北京西直门南大街16号
邮政编码：100035
电　　话：0086-10-66135495（总编室）　0086-10-66113227（发行部）
网　　址：www.bkydw.cn
印　　刷：北京捷迅佳彩印刷有限公司
开　　本：787mm×1092mm　1/8
字　　数：107千字
印　　张：8.5
版　　次：2021年1月第1版
印　　次：2021年7月第3次印刷
ISBN 978-7-5714-0814-5

定价：118.00元

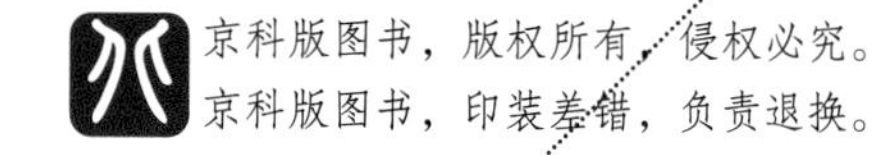

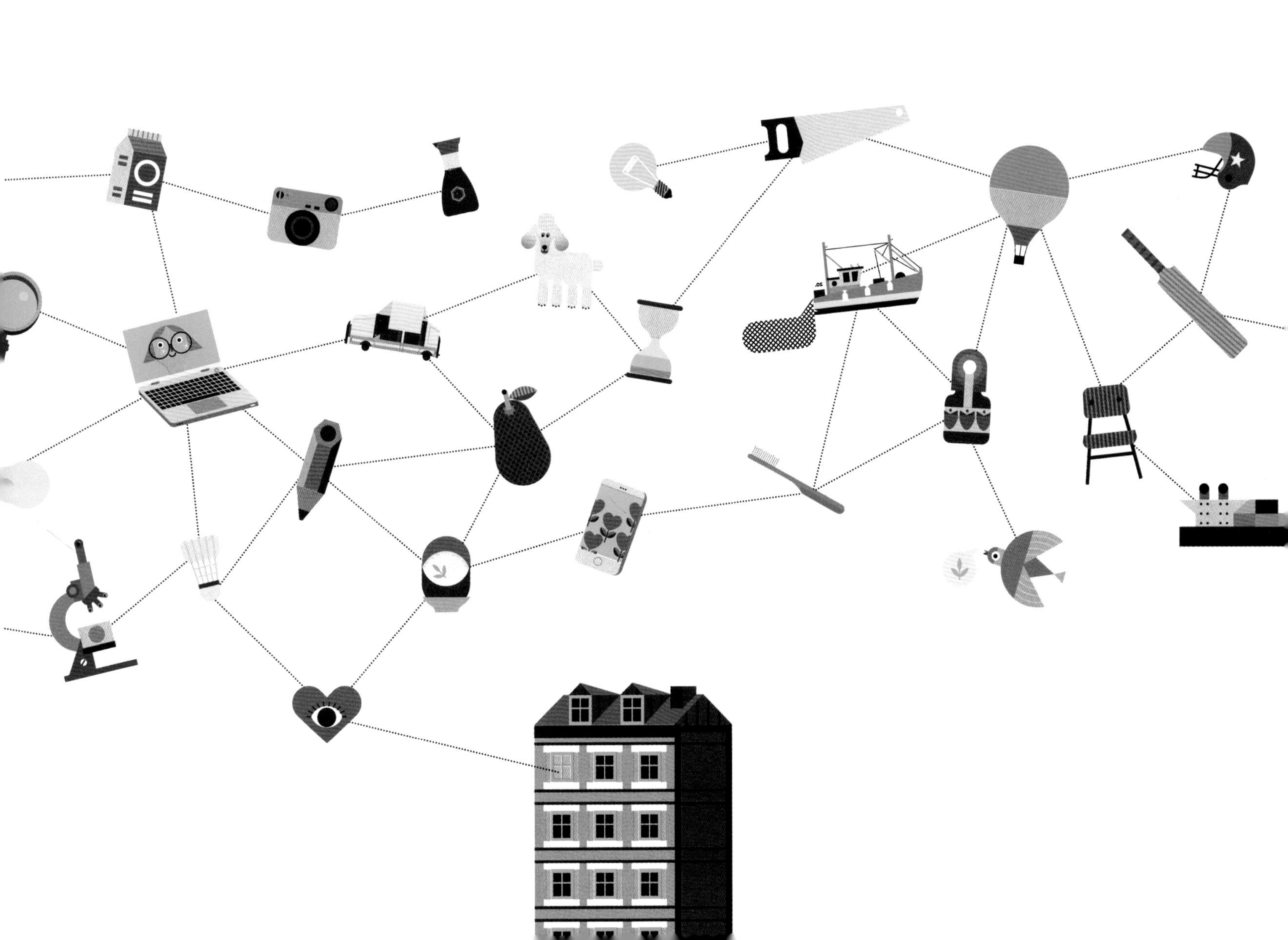

7.7% 5.7% 9.6% 16.6% 59.9%